环境监测业务信息写作技法与实例

傅德黔　陈传忠　主编

中国环境出版社・北京

图书在版编目（CIP）数据

环境监测业务信息写作技法与实例/傅德黔，陈传忠主编.
—北京：中国环境出版社，2013.12
ISBN 978-7-5111-1651-2

Ⅰ. ①环… Ⅱ. ①傅…②陈… Ⅲ. ①环境监测—应用文—写作 Ⅳ. ①H152.3

中国版本图书馆 CIP 数据核字（2013）第 283054 号

出 版 人 王新程
责任编辑 张　杰
责任校对 扣志红
封面设计 金　喆

出版发行 中国环境出版社
（100062　北京市东城区广渠门内大街 16 号）
网　　址：http://www.cesp.com.cn
电子邮箱：bjgl@cesp.com.cn
联系电话：010-67112765（编辑管理部）
010-67162011（生态图书出版中心）
发行热线：010-67125803，010-67113405（传真）

印　　刷 北京市联华印刷厂
经　　销 各地新华书店
版　　次 2013 年 12 月第 1 版
印　　次 2013 年 12 月第 1 次印刷
开　　本 787×1092　1/16
印　　张 11.5
字　　数 232 千字
定　　价 48.00 元

编写人员名单

主　　编：傅德黔　陈传忠

参编人员：（按姓氏笔画排序）

于　莉　王秀琴　王经顺　文小明　朱志胜

朱　余　刘　丽　李兵兵　张　杰　张　然

张倩玲　沈颖青　易庆安　赵　岑　高锋亮

秦发廷　郝广民　鲁　宁　温香彩　谢剑锋

序

环境监测业务信息是环保政务信息的重要组成部分，也是环境监测重要的产品形态，在服务环境管理决策和满足社会公众的环境知情权方面发挥着越来越重要的作用。多年来，中国环境监测总站作为全国环境监测站系统的业务信息牵头单位，十分重视环境监测业务信息工作，在建立完善环境监测业务信息的工作制度、收集网络、编报系统、刊用载体，促进监测业务信息工作的规范化、制度化等方面做了大量工作，在环保部政务信息评比中名列前茅。

随着我国环境管理战略转型的积极推进，环保行政和社会公众对环境监测的信息需求日益强烈，对环境监测业务信息的及时性、准确性、针对性、思辨性、预见性、建议性提出了越来越高的要求。为此，总站采取多种形式，加大对全国环境监测站系统业务信息工作的指导推进力度，《环境监测业务信息写作技法与实例》一书的编撰出版，就是其中重要的创新之举。该书既高度浓缩了环境监测站系统对业务信息工作的理性思考和认识成果，又充分总结了广大业务信息编报人员的实践探索与工作体会，对环境监测业务信息的编写要领、报送程序、刊用要求，以及不同类型业务信息的写作技法进行了全面系统的阐述，并辅之以被各级刊用过的稿件实例进行了深入浅出地讲解。特别是首次明确提出环境质量类信息的概念，并对这类信息编写的主要内容、素材来源、原则要求进行了深入系统地阐释，成为全书一大亮点。

当今社会是信息社会。环境管理决策呼唤高质量的监测业务信息，广大社会公众渴望对环境知情权益得到满足。环境监测业务信息工作既任务紧迫又大有可为。全国环境监测系统广大业务信息编报人员应该继往开来，再接再厉，通过加强学习、留心观察、深入思考、借鉴交流、勤于积累，坚持笔耕不辍，不断撰写出精品力作，在建设生态文明和美丽中国的宏伟事业中，在推进历史性转变和探索环保新路的征程上，多多贡献自己的智慧和力量。

陈　斌

目　录

第一章　概　述

一、环境监测业务信息的基本含义

信息泛指人类社会传播的一切内容，人类通过获得、识别自然界和社会的不同信息来区别不同事物，得以认识和改造世界。在一切通讯和控制系统中，信息是一种普遍联系的形式。政务信息是信息的一种表现形式，《中华人民共和国政府信息公开条例》（国务院第492 号令）中将政务信息的概念解释为行政机关在履行职责过程中制作或者获取的，以一定形式记录、保存的信息。政务信息是领导了解社会经济情况，掌控全局工作的重要工具，是执政机构做出科学决策的重要依据，也为社会和公众提供权威的信息来源。从内容上讲，反映经济、社会、政治、文化、公共管理等方面的信息都属于政务信息。

环境监测业务信息是政务信息的一种，通常以消息、通讯、报告等形式，反映各级环境监测站的工作情况。从广义上讲，环境监测业务信息包括环境监测机构履行职责过程中制作和获取的所有信息，包括环境监测业务、技术、科研、管理以及监测系统的党务、行风等各个方面。从狭义上讲，环境监测业务信息更加注重其业务属性，以反映环境监测主要业务工作进展及成绩、环境质量状况及变化趋势、环境监测系统发展情况及问题等为重点内容，为环境管理决策提供信息服务与支持。中国环境监测总站（以下简称“总站”）是全国环境监测业务信息工作的牵头单位，负责统筹协调、指导推进全国的环境监测业务信息工作，各级环境监测机构负责组织实施本区域内的环境监测业务信息工作。

二、环境监测业务信息工作简况

环境监测业务信息是环保政务信息的重要组成部分，以总站为牵头单位的环境监测系统信息工作，连续多年在环保部政务信息评比中名列前茅，特别是反映环境质量状况的监测信息，为环境管理决策提供了有效依据和支撑。

环境监测业务信息发展始终与环境监测事业的发展相伴相随。1979 年，总站正式成立，全国环境监测开始走向规范化、业务化。随着监测业务领域不断拓展，监测数据逐渐丰富，各级监测机构自发地开始向总站和同级环境保护主管部门报送政务信息，反映监测工作开展情况。从全国来看，这一时期的信息工作还比较零散，信息内容也比较单一，以反映领导活动、会议情况等为主。

1999 年，国家环境保护总局开始加大对全国环保系统政务信息工作的指导推进力度，以此为契机，总站加强了全国环境监测政务信息管理工作，要求当时的 31 个省级环境监测站和 47 个全国环境保护重点城市环境监测站向总站报送政务信息，总站设置专人专岗负责政务信息的收集、整理与审核工作，并在其中摘选具有宣传和借鉴价值的重要信息定期编印《全国环境监测工作动态》并印发各地监测站。受当时条件所限，各级监测站向总站报送信息还采用纸件邮寄或传真的形式，信息审核与发布的程序繁杂、时效性较弱，然而在当时信息交流总体水平不高的情况下，《全国环境监测工作动态》作为环境监测系统重要的信息刊物，为各地环境监测站下情上达、互通有无发挥了重要作用，促进了全国环境监测工作的交流与发展。进入 21 世纪，随着信息技术的进步与普及，总站牵头的政务信息报送与发布借助电子邮件、门户网站等方式与平台，逐步实现了无纸化作业，信息的采编范围、数量与效率都得到了大幅提高。

2008 年，原国家环保总局升格为环境保护部，并成立环境监测司负责环境监测行政管理工作，环保部要求总站尽快适应新的形势，调整工作重心，从原来环境监测管理和技术“一把抓”转到以监测业务和技术为主。2009 年，总站编制《中国环境监测总站转型发展纲要》，得到了环保部批复，并转发全国环境监测站系统。同年，为突出监测站的业务技术属性，总站将环境监测政务信息更名为环境监测业务信息，编制出台了《全国环境监测业务信息管理办法》，并沿用至今。找准定位后，环境监测业务信息工作步入了快速发展道路。各级监测站瞄准例行监测工作、专项监测工作、试点和研究性监测工作、应急与预警监测工作以及监测站装备能力建设等方面的经验与问题，编报了大量高质量的业务信息，为环境管理决策提供了重要依据。

经过 20 余年的发展，由总站牵头的全国环境监测业务信息工作不断发展和完善，目前已建立起涵盖国家、省、市、县四个层级的环境监测业务信息管理体系，以及覆盖全国 3 000 余家环境监测站的业务信息收集网络，基本建成纵向到底、横向到边的业务信息工作格局。为促进环境监测业务信息工作水平持续提升，总站每年都组织召开全国环境监测站系统业务信息会议或举办培训班，及时总结部署工作，查找问题，并就信息采编与写作等对信息员进行培训。2012 年还组织开展了首届全国环境监测业务信息优秀作品评选活动，激励各级监测站不断提高环境监测业务信息编写质量。在总站的带领下，各级监测站对业务信息工作的重视程度进一步提高，许多监测站都设置了专职或兼职信息员，负责业务信息编报与管理工作，一支高素质的环境监测业务信息员队伍逐渐形成并壮大。

在软实力提升的同时，监测站环境监测业务信息硬件能力也有所提升。总站于 2011 年建成并启用了基于互联网技术的全国环境监测业务信息管理系统，现已开放用户 100 余个，全国 35 个省级环境监测站和近 80 家重点城市环境监测站都可以通过互联网登录该系统向总站直报信息，并实时查阅信息处理状态。新的信息系统与总站门户网站实现了对接，被采纳的信息稿件经总站三级审核后实时发布到总站新的门户网站，监测业务信息工作的时效性、安全性和影响力得到显著提升。经统计，2012 年，各级监测站共向总站报送信息 5 400 余条，其中 1 700 条被采纳并发布。除总站外，江苏、安徽、江西等许多省、市环境监测站也分别建立了各自的信息管理系统及门户网站，通过监测站官方网站发布监测业务信息，全面展现了环境监测站系统的工作风貌，同时也成为公众了解环境质量的重要途径。

三、环境监测业务信息的作用及特点

1．环境监测业务信息的作用

环境监测业务信息是环境管理决策的重要依据，相比于正式的监测报告，业务信息通常更加简短、明了，具有“窥一斑而知全豹”、“落一叶而知三秋”的功效。具体而言，主要有如下四个方面的功能。

（1）反映环境状况

各级环境监测站依例开展环境质量和污染源等监测工作，掌握着环境质量变化的第一手数据，如实反映环境状况既是环境监测业务信息的重要任务，也是其优势与特色。以业务信息为媒介，及时准确地报送本区域内大气、水、生态、噪声、近岸海域等环境质量现状、环境污染情况、异常数据变化以及环境质量发展趋势等多角度、全范围的环境质量信息，使本级领导和上级部门能够迅速了解环境质量和污染物排放状况，为准确判断环境形势提供参考。

（2）辅助环境决策

各级政府和环境管理部门对辖区内环境质量状况的判断主要依据环境监测提供的监测结果和结论。相比于专业、全面、复杂的监测报告，环境监测业务信息紧紧围绕影响环保发展、牵动监测全局的重要问题，以更加通俗、简明的表达方式，揭示环境质量变化的原因及规律，研判潜在的环境风险隐患，并提出有益的工作思路和建议，为提高环境管理决策的科学性和前瞻性提供有效支撑。

（3）交流工作情况

便捷、迅速地实现各监测站机构间、监测站与环境保护主管部门间的双向和多向沟通，是环境监测业务信息最基本的职能和作用，概括而言就是上下沟通、横向交流。业务信息能够使环保主管部门和上级环境监测站随时掌握基层监测工作中发生的新情况和新问题，及时了解基层监测站对中心工作、重大部署的落实情况，同时也能将上级的决策意图及时传达下去，是推动各项工作有序开展的重要手段。此外，业务信息也是各级监测站间沟通交流的重要渠道，既可以展现本单位的工作成果，也可以了解兄弟单位的先进做法和成功经验，实现相互借鉴、相互促进的目的。

（4）回应社会关切

生态文明建设理念提出后，环境管理目标从污染防治向环境质量改善转变，灰霾天气、饮用水水质、重金属污染等环境质量问题引起了社会公众的广泛关注。各级监测站通过互联网等渠道面向公众发布反映 $PM_{2.5}$ 监测能力建设与信息发布情况、城市集中式饮用水水质监测工作进展、连续污染天气环境质量状况等环境监测业务信息，成为公众了解监测工作、知悉环境质量的重要渠道，在满足公众知情权、缓解恐慌情绪等方面发挥着重要作用。

2．环境监测业务信息的特点

（1）真实性

真实性是指环境监测业务信息必须对环境监测站业务活动做出客观、公正的反映。不同于新闻通讯稿等其他形式的信息载体，业务信息是以环境监测机构为主体编报的具有一定权威性的信息，其内容是否真实可靠直接影响环保行政决策的成效，虚假片面的信息将会使相关部门和领导对环境形势产生误判。因此，业务信息的真实性是环境监测业务信息工作的生命，必须坚持实事求是、准确客观地反映监测工作情况和环境质量状况，既不能文过饰非、粉饰太平，也不能脱离实际、无中生有。

（2）时效性

时效性是指环境监测业务信息发挥作用的有效期限。机不可失、时不再来，因此，业务信息的编报要在“第一时间”完成。编报越及时，信息的价值越大，反之价值越小，时过境迁的信息内容一般得不到刊载。因此，要尽量缩短信息在收集、加工整理、编写、传递各个环节上的滞留时间，防止由于拖延时日，成为过时信息。尤其是反映倾向性问题和突发事件的信息，必须要迅速上报，便于领导及时决策。

（3）借鉴性

借鉴性是指信息的参考价值，业务信息工作的价值主要体现为对领导或相关部门的决策发挥了多大参考作用。信息的层次和质量在一定程度上取决于信息工作人员所站的高度和看问题的角度，这就要求信息员必须从环境保护和环境监测工作的大局出发，以本单位具有代表性、创新性的工作成果和具有推广价值的成功经验为重点编报信息，并根据报送对象的不同层次和不同需求选准编写角度，充分发挥业务信息的双向服务功能。

（4）预见性

预见性是指依据所掌握的事实资料和客观规律，通过调查研究和科学分析，采编出具有前瞻性和超前性的业务信息，使得管理决策时能够掌握主动。在环境监测基层和一线工作中，经常会发现一些带有局部性质的新情况或者仍处于发生阶段的环境质量变化，对于这类带有苗头性、倾向性的信息要注意收集和分析，并做出初始判断，使其能及时引起领导关注，以免延误决策时机。

（5）保密性

保密性是针对业务信息的阅读对象而言的，虽然现在越来越多的环境监测业务信息通过互联网面向社会公开发布，以便公众了解监测工作和环境质量，但仍有很大一部分业务信息只限在行政机关内部或是各级环境监测机构间流通，多为涉及社会敏感度较高的环境问题或是分析建议类的业务信息，阅读对象大多是行政机关的领导和工作人员。此类信息的报送和传递，也要严格经由专用网络或特定渠道，以保证信息安全。

四、环境监测业务信息的分类

环境监测业务信息取材十分广泛，编写重点也各不相同，按照不同的分类原则和角度，可分为多种类型。

1．按信息体裁分类

环境监测业务信息按照不同体裁主要可分为工作动态类信息、环境质量类信息、综合调研类信息。

（1）工作动态类信息

是最常见的监测业务信息，指围绕某一时期环境监测的重点工作，根据相关领导的指示精神，各级、各部门领导机关的工作部署，对工作和活动的进展以及发展变化情况进行适时反映的信息。动态类信息一般情况下篇幅不长，需要以简洁的语言说清某项工作或某个事件的进展和意义，就一项工作来说，它包括工作的部署、落实、检查、总结等各个阶段的情况；另外，它既可以反映工作的成就，也可以反映工作的问题。

（2）环境质量类信息

是环境监测业务信息的优势和特色，特指以环境监测活动中产生的数据为载体，对环境质量变化、污染源排放现状和潜在环境风险进行说明、评定和预测的监测业务信息。环境质量类信息通常由监测部门根据业务工作开展情况主动编报，比如某一时间内重点区域流域的环境状况等。也有一部分信息是按照上级环境管理部门的特别要求，对突发环境事件、重大活动或领导关注、管理需要的环境情况开展专项监测并编报的，比如对严重灰霾天气和突发污染事故的监测信息等。

（3）综合调研类信息

是指人们在获得某一特定对象原始信息或感性认识的基础上，通过调研活动，经过分析研究获得理性、规律性认识的信息，属于较高层次的业务信息。综合调研类信息的研究对象既可以是监测工作中的重点、难点问题，也可以是环境质量变化原因、趋势及治理成效分析，比如“我国地下水水质监测技术体系急需完善”，“湘江流域地表水中重金属的含量整体下降，重金属污染治理成效初步显现”等。需要注意的是，综合调研类信息必须具备完整的情况、问题、对策三段式结构，找准问题并提出科学可行的对策建议部分是体现业务信息决策参考价值的核心。

2．按信息内容分类

按照所展现的不同工作内容，环境监测业务信息可分业务信息、科研信息、管理信息、党风行风信息等。业务信息，顾名思义是以环境监测机构例行及专项监测工作为主要内容的信息，包括水、大气、噪声、污染源等常规监测工作，以及应急监测、县域生态环境质量考核、重大活动环境质量保障和“大比武”、“大贯标”等环境监测专项工作。科研信息以反映环境监测站研究性监测、试点监测以及各项监测技术研究进展及成果为重点，比如温室气体监测、水生生物监测、“水专项”研究进展等。管理信息也是监测业务信息的重要组成部分，主要展现监测站人才管理、能力建设、财务管理、制度建设等方面的创新举措和经验，比如某单位成功增加编制、改进人才评价与考核机制等，对于系统内各级监测站都具有参考借鉴价值。此外，反映监测站党风行风建设、社会公益活动等内容的信息从广义上讲也属于环境监测业务信息，有利于全面展现监测站系统的精神面貌，提升监测行业的整体形象。

3．按刊用形式分类

环境监测业务信息按照不同刊用形式主要可划分为网络信息、简报信息、内部资料等。网络信息是指发布在移动互联网络上的监测业务信息，主要发布渠道包括环境保护部网站、总站网站、各级环保主管部门和环境监测站的官方信息发布平台。简报信息是刊用在各级监测站纸质信息载体上的业务信息，包括各级监测站定期编制《工作动态》《监测简报》等，通常仅在监测站系统内流通。内部资料指被各级环境保护主管部门采用并刊在行政机构内部信息刊物上的监测业务信息，以环境保护部为例，政务信息主管部门定期编印《专报信息》《昨日情况》信息刊物供各级领导参阅。此外，部分信息还会经由各级环保主管部门上报给国务院办公厅、中央办公厅或地方政府，刊发在更高层次的信息刊物上，为各级领导提供决策参考。

第二章　环境监测业务信息编写要领

环境监测业务信息是政务信息的一种。从信息体例、信息内容、刊用形式等不同角度来讲，环境监测业务信息可分为多种类型。不同类型的环境监测业务信息就其编写而言，既有自身特点，又有共性。按照共性来讲，环境监测业务信息编写要领应把握如下几个方面。

一、主题确定

主题是一篇环境监测业务信息的中心思想和基本观点，是作者基于客观事实所表达出的某种看法和主张，也是一篇环境监测业务信息的灵魂。因此，如何准确确定主题、表现主题是信息写作需要处理的首要问题。

1．选准参照系

参照系是确定主题需要参考和把握的标尺和方向。信息员要想写出一篇有价值、有意义的环境监测业务信息，必须先确定好主题。确定主题关键要选准参照系，也就是要根据当前环保形势政策、监测工作实际和社会公众诉求来确定信息编写的思想和内容。

（1）根据环保形势政策选题

所谓环保形势是指一个时期的环保发展现状和趋势，它包括环保工作成绩，也包括发展过程中遇到的问题。所谓环保政策是指为实现既定的环境质量改善目标和满足社会公众环境诉求而制定和实行的行动策略。以下几个例子，集中论述了如何从反映环保中心工作、展示环保重大活动、回应社会公众诉求等方面选准参照系和突出主题。

例 1：环境保护部公布 2012 年度全国主要污染物总量减排核查处罚情况

环境保护部有关负责人今日向媒体通报，环境保护部近日组织完成了 2012 年度各省、自治区、直辖市和八家中央企业主要污染物总量减排核查工作，并对《“十二五”主要污染物总量减排目标责任书》年度落实情况进行了检查。

这位负责人指出，经核实，仍有少数地方和企业在总量减排工作中存在突出问题。根据有关规定，决定：

1. 对电力行业脱硝脱硫项目未按目标责任书落实的内蒙古自治区、河南省、贵州省及中国华电集团公司，自公布之日起暂停审批燃煤机组新、改、扩建项目环评。

2. 对城镇污水处理设施建设项目未按目标责任书落实，或污水处理设施建设严重滞后、收费政策落实不到位的内蒙古巴彦淖尔、河南濮阳、湖北襄阳、广东揭阳、海南东方、甘肃武威6城市，自公布之日起暂停审批新增化学需氧量和氨氮排放的建设项目环评。

3. 对污水处理设施未按要求建设运行的天津北辰区大张庄风电产业园污水处理厂（一期）、双青污水处理厂、北辰科技园区污水处理厂，黑龙江哈尔滨市文昌污水处理厂、太平污水处理厂，安徽阜阳市污水处理厂、临泉县污水处理厂，江西抚州市南丰县污水处理厂、金溪县污水处理厂，河南漯河市马沟污水处理厂、漯西产业集聚区污水处理厂、临颍县产业集聚区污水处理厂，湖南湘潭市九华污水处理厂、湘潭县污水处理厂（二期）、湘乡市污水处理厂（二期），广西南宁市隆安达特洁供水有限公司污水处理厂16家企业和南宁市造纸行业挂牌督办，责令限期整改。

4. 对脱硫设施不正常运行、监测数据弄虚作假的河北钢铁集团、华电山西大同第一热电厂有限公司、华电内蒙古包头东华热电有限公司、神华内蒙古萨拉齐电厂、江苏通州美亚热电有限公司、江苏南通醋酸纤维有限公司、山东里彦发电有限公司、河南金冠嘉华电力有限责任公司、中国石油化工股份有限公司洛阳分公司、广西水利电力建设集团有限公司田东电厂、中国铝业股份有限公司广西分公司、中国石油天然气股份有限公司广西石化分公司、华电四川攀枝花三维发电厂、攀枝花钢铁（集团）公司、石河子市国能能源投资公司天河分公司15家企业挂牌督办，责令限期整改，追缴二氧化硫排污费，其中享受脱硫电价补贴的，按规定扣减脱硫电价款，并予以经济处罚。

这位负责人表示，环境保护部将跟踪上述地区和企业整改情况。对整改不到位或因工作不力造成重大社会影响的，由监察机关依照规定追究有关人员的责任。（摘自：环境保护部门户网站）

点评：污染减排是环保部门的中心工作和主要职责，减排工作成效如何是环保行政效能最直接的体现。该信息以公布2012年度全国主要污染物总量减排核查处罚情况为主题，展现了环保部门污染减排工作的力度和决心。该主题紧贴环保大局和形势，内容全面、思想深刻，被各主流媒体转载和解读，产生了积极影响，对违法排污的企业起到了警示作用。

例2：环境保护部举办第一届全国环境监测专业技术人员大比武决赛

第一届全国环境监测专业技术人员大比武决赛今天在北京举行，来自全国各省、自治区、直辖市环境保护厅（局）、新疆生产建设兵团环境保护局、解放军绿化委员会办公室的33支参赛队伍、132名专业技术人员进行了激烈角逐。

据介绍，我国环境监测事业经过30多年的发展，已取得长足进步，监测机构和人员队伍不断壮大，整体实力不断增强。但是，随着我国经济社会的迅速发展和环境保护事业的不断进步，对环境监测工作提出了新的更高的要求。举办大比武的目的是推进全国环境监测人员队伍的发展，培养业务精通的人才，建立有利于发现人才、留住人才和人才成长、发挥作用的良好环境和氛围。

这次大比武包括环境监测理论考试、现场实际操作比武两部分。大比武由环境保护部、人力资源和社会保障部、全国总工会共同主办，符合条件的获奖选手将被授予"全国五一劳动奖章""全国环境保护系统先进工作者"等荣誉称号。（摘自：《经济日报》）

点评：环境监测"大比武"活动是全国环境监测系统2011年组织开展的重大活动，是环保部年度重点工作。该活动开展以来，各级监测站通过层层考核和选拔，132名专业技术人员脱颖而出参加了全国决赛。该活动涉及范围之广，参与人员之多，技术含量之高，在环保历史上少见。该活动被中央媒体《经济日报》报道，突出了一个时期环保重点工作，阐述了这项活动对发现人才、留住人才、培养人才的重要意义，符合当前中央关于人才发展规划的要求，起到了人才建设的导向作用。

例3：环境保护部发布5月份重点区域和74个城市空气质量状况

环境保护部有关负责人近日向媒体发布了2013年5月京津冀、长三角、珠三角区域及直辖市、省会城市和计划单列市等74个城市空气质量状况。

结果显示，5月份，74个城市平均达标天数比例为60.1%，超标天数比例为39.9%，其中轻度污染占29.4%，中度污染占8.3%，重度污染占2.1%，严重污染占0.1%。其中，海口、珠海、深圳和福州的达标天数比例为100%，14个城市达标天数在80%～100%，34个城市达标天数在50%～80%，22个城市达标天数不足50%，首要污染物为O_3和$PM_{2.5}$。与上月相比，74个城市达标天数比例降低3.4个百分点，重度污染和严重污染比例增加0.2个百分点。按照《环境空气质量标准》（GB 3095—2012）评价，与上月相比，74个城市5月份$PM_{2.5}$、PM_{10}、SO_2和NO_2月均浓度均下降，CO超标率基本持平，但随着光照增强和气温上升，O_3平均超标率明显上升。其中，$PM_{2.5}$平均超标率为20.3%，合肥市最大日均值为296 μg/m^3，最大超标倍数为2.9。$PM_{2.5}$月均浓度为55 μg/m^3，石家庄市最大值为113 μg/m^3。PM_{10}平均超标率为17.5%，呼和浩特市最大日均值为591 μg/m^3，最大超标倍数为2.9。PM_{10}月均浓度为101 μg/m^3，石家庄市最大值为289 μg/m^3。NO_2平均超标率为1.5%，唐山市最大日均值为109 μg/m^3，最大超标倍数为0.4。NO_2月均浓度为37 μg/m^3，唐山市最大值为80 μg/m^3。SO_2平均超标率为0.9%，唐山市最大日均值为260 μg/m^3，最大超标倍数为0.7。SO_2月均浓度为29 μg/m^3，唐山市最大值为141 μg/m^3。CO平均超标率为0.2%，唐山市最大日均值为4.1 mg/m^3，最大超标倍数为0.03。

O_3的日最大 8 小时均值的平均超标率为 26.9%，邯郸市最大值为 430 μg/m^3，最大超标倍数为 1.7。按照城市空气质量综合指数进行评价，石家庄、唐山、邢台、邯郸、济南、保定、郑州、北京、衡水和天津的空气质量较差；海口、惠州、福州、珠海、舟山、中山、深圳、江门、东莞和厦门的空气质量相对较好。京津冀地区空气质量平均达标天数比例为 27.4%，低于全国 32.7 个百分点，重度污染以上天数占 8.7%，高于全国 6.5 个百分点。13 个城市中张家口、秦皇岛达标天数比例在 50%～80%，其他城市达标天数比例不足 50%，污染较重。京津冀地区主要污染物为 $PM_{2.5}$和 O_3。与上月相比，受不利扩散气象条件影响，京津冀地区空气质量同比转差。从污染物浓度分析，$PM_{2.5}$、PM_{10}、SO_2和 NO_2月均浓度比上月有所升高，分别上升 19.1%、14.4%、3.7%和 4.9%。北京市与上月相比空气质量转差，$PM_{2.5}$月均浓度由 61 μg/m^{3}上升到 81 μg/m^3，PM_{10}月均浓度由 99 μg/m^{3}上升到 129 μg/m^3，SO_2月均浓度由 21 μg/m^{3}上升到 26 μg/m^3，NO_2月均浓度由 45 μg/m^{3}上升到 51 μg/m^3，达标天数比例由 62.1%下降到 25.8%，下降 36.3 个百分点。

长三角地区空气质量平均达标天数比例为 60.7%，高于全国 0.6 个百分点。25 个城市中舟山、温州空气质量相对较好，达标天数比例在 80%以上，南京、徐州、杭州和扬州 4 个城市达标天数不足 50%，污染较重。主要污染物为 O_3和 $PM_{2.5}$。与上月相比，从空气质量达标天数分析，长三角地区 25 个城市平均达标天数比例由 61.7%下降到 60.7%，降低 1.0 个百分点。其中，温州、宁波、台州等 12 个城市达标天数比例增加，镇江达标天数比例持平，徐州、淮安、泰州和金华等 12 个城市达标天数比例降低。从污染物浓度分析，$PM_{2.5}$、PM_{10}、SO_2和 NO_2月均浓度明显下降，CO日均浓度无超标情况。但随着夏季光照增强和气温上升，O_3日最大 8 小时浓度明显上升。上海市达标天数比例由 60.0%上升到 71.0%，上升 11 个百分点，空气质量有所好转。

珠三角地区空气质量平均达标天数比例为 89.5%，高于全国 29.4 个百分点。9 个城市中珠海、中山、惠州、深圳、肇庆、东莞、佛山和江门空气质量相对较好，达标天数比例在 80%以上，广州达标天数为 71%，主要污染物为 O_3。广州市达标天数比例由 70.0%提高到 71.0%，提高 1.0 个百分点，空气质量有所好转。（摘自：环境保护部门户网站）

点评：实施环境空气质量新标准是上至国家领导下至群众百姓都关心和关注的大事，也是社会关注的焦点。该信息根据社会公众诉求，及时公布了重点区域和 74 个城市空气质量，及时回应了社会关注，被中央媒体多次转载，对促进相关区域改善环境质量起到了很好地督促作用。

（2）根据监测工作实际选题

环境监测信息内容应放在监测工作全局中审视，看是否具有引领性、建设性和警示性。下面的例子分别阐述了如何为达到推荐工作成果、推广基层经验、引起领导关注的目的选题。

例 4：山东省监测站在生态监测方面走在全国前列

山东省环境监测中心站分别于 2008 年和 2010 年完成了“山东省生态环境监测指标体系研究”和“山东省生态环境监测技术研究及其应用示范”课题，首次在国内建立了以生态系统监测、生物群落监测、污染生态监测和生态影响类建设项目环境影响调查为主要内容的生态环境监测指标体系和监测评价技术方法，连续 8 年开展了该省的生态环境遥感监测与评价工作，利用遥感技术监测生态环境质量及其动态变化，监测了该省 6 大生态系统类型和 23 类次级生态系统类型时空变化状况，评价了该省 17 个设区城市和 140 个县（市、区）生态环境质量及其变化趋势。初步形成了生态环境遥感监测能力。完成了环保部生物多样性评价试点项目《山东省生物多样性评价研究》，首次建立了《山东省生物多样性数据库和各县域的物种名录》，主持完成了环保部自然保护区调查专项“山东省自然保护区基础调查”项目，首次全面、系统地调查了该省自然保护区建设、管理、基础设施、人口、土地权属和生物多样性状况，建立了山东省自然保护区数据库，编制了自然保护区分布图和功能区划图，提出了自然保护区建设与管理存在的主要问题及对策，为自然保护区建设与管理提供了基础信息和技术支撑。（摘自：环境保护部门户网站）

点评：自从党的十七大明确提出加强生态文明建设以来，生态环境监测备受重视。但我国生态环境监测起步较晚，技术规范不够完善、能力建设比较滞后。基于现实情况，山东省环境监测站积极探索，初步建立了生态环境监测技术体系，为开创生态环境监测新局面作出了积极贡献，一些工作方法和成果具有较强的引领性和借鉴作用，被环保部门户网站刊用。

例 5：环境保护部调研组来河南省南阳市调研农村环境整治

2013 年 3 月 20 日至 22 日，环境保护部调研组就农村环境综合整治情况在南阳进行调研。近年来，在对丹江口库区水质进行的 26 项指标监测中，除总氮、总磷超标并呈逐年增长之势外，其余指标均稳定保持在国家 II 类标准饮用水状态。造成总氮、总磷浓度增幅过快的主要原因是农村生活污水、生活垃圾、畜禽粪便。2009 年以来，南阳市依托环境农业示范工程技术，在汇水区的西峡县和淅川县开展环农工程试点，将垃圾、粪便、污泥制成生物复合肥，以生物复合肥和生物制剂替代传统的化肥、农药使用，取得了显著成效。调研组先后深入西峡县五里桥镇养殖场、环农工程垃圾粪便污泥处置中心、黄狮猕猴桃生态示范园等地调研，并召开座谈会详细了解环农工程开展情况……实施环农工程技术，有利于实现连片治理目标，有利于实现污染治理全覆盖，有利于综合整治多方共赢……（摘自：南阳市政府门户网站）

点评：随着城乡一体化、城镇化积极推进和“三农”建设的不断深入，农村环保逐渐成为整个环保工作的重要内容之一，但由于农村环保起步较晚、投入较少、基础较差，已滞后于城市环保，需要树立典型和推广相关经验。该信息介绍了南阳市农村环境整治的成功做法和主要经验，符合当前农村环保工作需要，对争取农村环保主动权具有一定的建设性，被南阳市政府门户网站环保部工

作动态刊用。

例 6：试点监测表明，我国农村环境质量不容乐观

摘要：自 2009 年起，环保部选择全国部分村庄开展了农村环境质量试点监测。以 2012 年 798 个试点村庄监测结果为例，我国农村环境质量不容乐观。农村饮用水水源地水质较差，总体达标率仅为 77.2%，农村地表水有三分之一的水质不达标；农村土壤环境质量污染较重，达标率仅为 77.7%；西北部农村空气质量有恶化趋势。因此，亟须完善政策、增加投入、加强监管，以切实掌握农村环保工作的主动权。

农村水环境质量较差

2012 年试点监测表明，农村的饮用水水源地水质达标率远低于环保重点城市饮用水水源地水质达标率。另外，我国东部农村地表水超标情况相对较重，劣Ⅴ类水质比例较高，应引起高度重视。

农村饮用水水源地水质达标率较低。2012 年，试点村庄饮用水水源地水质监测断面共 1 370 个，总体水质达标比例仅为 77.2%，远低于环保重点城市集中式饮用水水源地水质达标比例（95.3%）。其中地表水和地下水饮用水水源地水质达标比例分别为 86.6%和 70.3%，主要超标项目为氨氮、总大肠菌群、总磷、五日生化需氧量、高锰酸盐指数、氟化物、重金属锰等。造成以上指标超标的主要污染源为规模种养殖、工矿企业排污、农用化肥流失等。

农村有三分之一的地表水水质不达标。2012 年，试点村庄地表水水质监测断面共 984 个，其中，Ⅰ～Ⅲ类水质占 64.7%，Ⅳ、Ⅴ类水质占 23.2%，劣Ⅴ类水质占 12.1%，不达标的农村地表水超过了三分之一。根据监测断面设置情况，不达标的 347 个农村地表水监测断面分布比较集中，表明目前农村地表水已呈现面源污染特征。其主要超标项目为五日生化需氧量、氨氮、总磷、高锰酸盐指数。另外，粪大肠菌群超标情况比较突出，湖库类中的总氮超标情况较重。

农村土壤环境质量堪忧

2012 年，监测的 579 个试点村庄的土壤环境质量，涉及农田、菜地、居民区周边、养殖场周边、企业周边和垃圾场周边等 6 种土地利用类型。其中，129 个村庄出现监测项目超标，占 22.3%。主要超标污染物为重金属镉、铅、镍、铜和汞，其中镉超标居首位。具体情况如下：

农田和菜地土壤中的主要超标污染物为镉、锌和滴滴涕总量。2012 年，监测的 89 个试点村庄的农田（包括水田和旱田）土壤环境，有 19 个村庄存在监测项目超标情况，超标率为 21.4%。监测的 80 个试点村庄的菜地土壤环境，有 23 个村庄存在超标现象，超标率为 28.7%。主要超标污染物为镉、锌、滴滴涕总量，还有部分村庄的汞、铅、铬、铜、硒等超标。

企业和养殖场周边土壤中的主要超标污染物为镉、铅、汞。2012 年，监测的 40 个试点村庄的企业周边土壤环境，有 8 个村庄存在超标现象，超标率为 20%。监测的 40 个试点村庄的养殖场土壤环境，有 10 个村庄存在超标现象，超标率为 25%。主要超标污染物为镉、铅、汞，另外还有部分村庄的铜、镍、硒和六六六总量等超标。

居民区和垃圾场周边土壤中的主要超标污染物为镉、镍。2012 年，监测的 15 个试点村庄垃圾场周边土壤环境，有 4 个村庄存在超标现象，超标率为 26.7%；监测的 83 个试点村庄的居民区周边土壤环境，有 26 个村庄存在超标现象，超标率为 31.3%。主要超标污染物为镉、镍，另外还有部分村庄的硒、砷、铜、六六六总量等超标。

我国西北部农村空气质量超标情况较重

2012 年，根据农村空气环境质量标准，监测的 729 个村庄空气质量未出现超标现象，占 93.3%。监测天数累计共 7 832 天，达标天数为 7 280 天，占 93.0%。但在西北部农村空气质量超标情况相对较重，平均达标天数比例为 68.9%，主要超标项目均为可吸入颗粒物（PM_{10}）。其超标时限与我国沙尘天气监测网监测到的西北部地区可吸入颗粒物（PM_{10}）较重月份（3—5 月份和 10—12 月份）基本吻合。其主要与当地植被覆盖率低、雨量偏少和风沙频繁等自然条件有关，同时也与露天矿产开采、锅炉燃烧、地面扬尘等人为因素有关。

连续 4 年的试点监测表明，“以奖促治”等政策及农村连片综合整治成效初现。试点村庄饮用水水源地水质总体达标率有所提高，试点村庄地表水Ⅰ～Ⅲ类水质断面比例逐年增加，Ⅳ、Ⅴ类水质断面比例呈下降趋势，劣Ⅴ类水质断面比例均处于较低水平。试点村庄空气质量总体良好。

几点建议

一、进一步加大农村环保力度。随着我国城市环境监管力度加大，农村逐步承接了产业转移项目，环境压力逐步增大，然而目前农村环保力度严重滞后于现实需求。为此，要进一步加大农村环境综合整治力度，落实“以奖促治”政策，完善评价机制，扩大试点范围，加大财政投入，打好农村环保主动仗。

二、加强农村环境质量监管。尽管在部分村庄组织开展了试点监测，但是监测的范围、指标、频次不足以说清和掌握全国农村环境质量的总体状况，特别对典型区域的污染程度、主要影响因子、污染特征和趋势，需要进一步加强监测，为强化农村环保提供有力的技术支撑。

三、加强农村环境信息公开。以群众喜闻乐见的方式公开农村空气、水、土壤等环境质量信息，不断增强广大农民的环保意识和监督意识。引导他们自觉摒弃不科学的农副业生产行为并积极抵制损害农村环境质量的违法排污，为改善当地农村环境质量做贡献。（摘自：中国环境监测总站重要情况专报）

点评：自 2009 年起，环保部在全国部分村庄开展了农村环境质量试点监测。为深入了解农村环境形势，试点监测的范围、项目不断扩大和增加。该信息以 2012 年试点村庄环境质量监测报告为基础，客观阐述了农村环境的水、空气、土壤等质量状况和变化趋势，作为“重要情况专报”报请部领导参阅，其中的一些观点和发现的问题引起了有关部门关注和重视。

（3）根据社会公众诉求选题

所谓社会公众诉求是指公众了解环境状况、参与环境管理、监督环境政策法规落实等方面的愿望和需求。信息员要把回应社会公众诉求作为监测业务信息编写报送的一个重要目的，主动关注媒体和群众对监测工作的评价与期待，在编写信息中积极回应社会公众对环境的诉求。下面几个例子的点评着重论述如何从回应社会公众的环境知情权、回应社会公众对环保政策落实情况的监督权、回应社会公众对环境与健康的知情权等方面选题。

例 7：雅安地震灾区 环境安全

……第一阶段应急监测结果表明：极重灾区所监测的饮用水水源地水质均达标，生物毒性监测显示水质正常，重金属及有机物指标均未检出；受到地震影响的 9 个市（州）的水质自动站监测结果与震前相比无明显变化，饮用水水源地的生物毒性监测显示水质正常。（摘自：环境保护部门户网站）

点评：在环境突发性事故和自然灾害中，社会公众十分关心所生活区域的环境是否安全。根据这个强烈诉求，该信息及时公布了灾区环境质量，满足了灾民对环境质量的知情权，发挥了信息及时告知的作用，被各新闻媒体转载报道，满足了灾区人民强烈的环境质量知情权。

例 8：河北省委常委会议研究大气污染防治用硬措施完成硬任务

河北省委日前召开常委会议，传达学习国务院常务会议关于大气污染防治有关精神，研究河北省贯彻落实意见。河北省委书记周本顺强调，各地各部门要切实提高做好大气污染防治工作的自觉性，用硬措施完成硬任务。

会议指出，国务院常务会议于近期部署了大气污染防治十条措施，特别提出了减少污染物排放，严控高耗能、高污染行业新增产能，建立环渤海包括京津冀区域联防联控机制，加强人口密集地区和重点大城市 $PM_{2.5}$ 治理，构建各省（区、市）大气环境整治目标责任考核体系等要求。河北省大气污染防治压力较大、任务艰巨，各地各部门要提高做好大气污染防治工作的自觉性。大气污染防治既是重大的民生问题，也是经济升级的重要抓手，既是一项政治责任，也是河北自身发展的需要，一定要坚决贯彻执行，切实把国家大气污染防治的任务要求落到实处。

周本顺强调，要把大气污染防治工作作为倒逼产业转型的机遇，把调整优化结构、强化创新驱动和保护生态环境结合起来，用硬措施完成硬任务。要加快新兴产业特别是节能环保产业的发展，在严格产业和环境准入、加快淘汰落后产能的同时，积极培育新的经济增长点。要坚持积极稳妥操作，细化目标责任，明确时限要求，采取有效措施，一个行业一个行业、一家企业一家企业地把工作做细致、做到位，确保国家下达的目标任务落到实处，确保社会和谐稳定。

据了解，河北省环保厅日前已编写完成《河北省大气污染防治行动实施方案》，待经河北省政府常务会议研究决定后，将很快向社会公布并全面实施。其核心内容是：河北省将出台50条大气治理措施，缓解 $PM_{2.5}$、PM_{10}等污染。（摘自：《中国环境报》）

点评：该信息针对近期媒体报道河北省污染较重的事实，及时反映了河北省委常委专题研究大气污染防治工作和制定详细治污举措的情况，向社会表达了党委政府铁腕治污的决心，也向百姓传递了信心。这是贯彻落实国务院常务会议关于加强大气污染防治部署要求的具体行动，符合当前河北省大气污染防治形势，顺应了群众改善环境质量的期盼，被《中国环境报》等媒体转载报道。

例9：关注民生　江苏省积极探索典型区域环境与健康监测研究

2012年5—6月，江苏省站积极参加“全国重点地区环境与健康专项调查”试点，在高淳农药污染区开展环境与健康专项调查工作，并选择毒死蜱作为有机磷农药的特征污染物，根据特征污染因子的来源、分散途径、影响人群健康的介质进行布点监测。通过采集污染源、大气、水、土壤（包括尘土）以及农产品等不同介质样品环境样本200多个，取得监测数据800多个，系统分析了当地百姓长期暴露于特征污染因子对健康的影响。调查结果表明，农药厂周围1公里范围内毒死蜱污染较为严重，不适宜人群居住；扬尘是人群健康影响的重要暴露途径。针对调查结果，建议建立环境与健康综合监测预警体系……加强环境与健康监测技术规范及风险评价标准研究……建立环境健康风险管理和信息发布制度……加大信息公开，保障公众环境信息知情权。（摘自：环境保护部门户网站）

点评：环境质量状况直接关系到群众百姓身体健康。当前农药、化学品广泛使用造成的有机污染物成为危害公众身体健康的主要因素之一。针对环境现状和污染形势，该信息从环境与健康的角度，深入阐述了农药厂周围的有机农药对群众健康的影响，并提出了一系列建议，被环保部官网工作动态专栏刊用，发挥了引导群众参与环保和督促政府重视环保的作用。

2．瞄准突破口

所谓瞄准突破口是指表现主题所选用的方式和途径。这种方式和途径一般是指信息员编写环境监测业务信息时提炼出的亮点、特色和优势来确定的主题，以获取刊用的机会。

（1）通过展示先进的工作理念寻求突破

工作理念是工作者对某一项工作的最基本的看法和认识，是体现工作者思想水平的一种表现。所谓先进是指在某方面具有领先性、独有性，被实践证明切实可行并取得实效，一般这种题材的信息容易被采用推广。

例 10：皖浙两省联合开展新安江流域水环境补偿试点监测工作

财政部、环境保护部联合印发的《新安江流域水环境补偿试点工作实施方案》中明确了环境监测工作在其中的重要基础性地位。皖浙两省环境监测部门联合开展此项工作，标志着全国首个跨省流域水环境生态补偿试点工作进入实质性操作阶段。两地相关监测站根据《新安江流域水环境补偿试点工作联合监测实施方案》，开展了高锰酸盐指数、总磷、总氮、氨氮等项目监测……同时在现场采集监测断面河宽、水深及断面 GPS 信息。双方监测站及时完成了水质采样、实验室比对分析工作，并按规定程序将监测数据上报相关部门，为新安江流域水环境补偿试点工作提供技术支撑，积极探索跨省联合监测工作经验……（摘自：《中国环境报》）

点评：跨省界河流的污染治理一直是环保工作的难点。因为一旦界河被污染责任方很难界定，容易相互推诿，下游省市说是上游省市污染的，上游省市又会说是上上游省市污染的。为了摆脱困境和解决这一问题，环保部和财政部制定了《新安江流域水环境补偿试点工作实施方案》。为落实此方案，皖浙两省创新思路，开展了新安江流域水环境补偿试点联合监测，建立了监测数据共享和质控机制。该信息以展示这种联合监测工作理念为主题，全面阐述了共同治理新安河污染所发挥的作用，被《中国环境报》刊用，为其他省市开展联合监测提供了经验。

（2）通过表现独特的工作方法寻求突破

工作方法是指人们在实践的过程中为达到一定目的和效果所采取的办法和手段。所谓独特是指具有某单位、某地区特点，达到了预期目的，一般这样的信息是被刊用的重点。

例 11：嘉兴市环境保护监测站“四措并举” 加强秋冬季节空气质量监测预警工作

根据浙江省环保厅《关于做好新空气质量数据试发布相关工作的通知》要求，嘉兴市环境保护监测站积极采取四项措施，切实加强了秋冬季节空气质量监测预警工作。

一是切实加强空气质量监测预警工作。……按新标准要求完成了设备安装调试并联网试运行，开展包括 $PM_{2.5}$（可入肺颗粒物）等 6 项主要污染物监测，对全市 14 个空气监测站点进行大巡检，严格空气质量监测质控措施，确保“测得出、测得准、报得出”。

二是主动发布空气质量信息。11 月 16日 召集多家媒体召开新闻发布会，按照《空气质量新标准第一阶段监测实施方案》的要求，在嘉兴市环保局官网对外试发布包括 $PM_{2.5}$ 在内的监测指标实时监测浓度值和 AQI 指数等空气质量信息，确保及时、准确、公开，保障群众的环境知情权。

三是加快建立部门合作和会商机制。嘉兴市加强环保与气象、公安、建设、卫生等部门的沟通与联系，重点在灰霾预警监测、空气质量预报、大气污染控制等领域，着手建立部门之间的信息共享机制，加强变化趋势分析，有效判断严重大气污染事件发生的原因，共同预警和应对可能发生的异常天气对空气质量的影响。

四是加强对秋冬季节空气质量监测的组织领导。加强对秋冬季节空气质量监测预警工作的组织领导，建立有效的预警预报制度和工作机制，明确和细化空气质量预警预报的工作程序、信息发布方式和途径。嘉兴市、县两级环境监测站严格执行空气质量监测质控措施。（摘自：环境保护部门户网站）

点评：实施新空气质量标准以来，各级城市监测站积极行动，狠抓落实，成绩显著。为体现亮点和特色，该信息抓住冬季空气质量的特征，以“四项举措”为抓手强化空气质量监测的预警工作，被环保部官网的工作动态专栏刊登，为其他城市监测站提供了借鉴作用。

（3）通过表现深刻的思想内涵寻求突破

思想内涵是指一篇环境监测业务信息的主题紧贴时代脉搏，内容及时反映当前实事，观点准确揭示主要问题。这样的信息是建立开展深入调查的基础上总结出来的，是长期工作归纳出来的，具有较强的代表性和典型性，容易被刊用和引起有关部门重视。

例 12：建立稳定的环境监测队伍刻不容缓

——大连市站关于辖区内人力资源情况调研

……大连市环境监测中心在对市级监测站及 5 个县区级环境监测站人力资源情况的调研中发现……存在诸多具有普遍性的问题，严重制约环境监测队伍的稳定发展。一是没有足够的人员编制。根据《全国环境监测站建设标准》的要求，东部地区三级监测站人员编制不少于 20 人。在本次调研中，只有 2 个县区监测站达到标准，其他 3 个站均不达标。二是在编不在岗现象十分突出。……80%县区监测站的在岗人员数量没有达到《全国环境监测站建设标准》的要求。同时，在岗监测人员不安心本职工作，通过报考公务员或调离等途径流向其他部门。三是专业技术岗位结构比例不尽合理。按照《辽宁省事业单位专业技术岗位结构比例控制标准》，大连市环境监测中心的专业技术岗位的高、中、初级比例必须控制在 2：4：4，低于《全国环境监测站建设标准》中二级站高、中级比例要求。四是高级技术职称晋级难。现行的职称晋级门槛过高，省评定高级职称需要具有市级科技进步二等奖以上成果，在大连市这类科研院所和高新技术企业密集的城市，环境监测课题又大多属软课题，监测部门要想取得这样高级别的成果难上加难。五是监测工作艰苦，待遇低。监测任务量逐年增加，监测人员常年超负荷运转，缺乏高空作业、海上作业、有毒有害物质测试及突发污染事故应急监测的相应劳动保护措施，并且，除基本工资外没有任何补助经费。

建议：第一，环保部门与人事编制部门、人力资源和社会保障部门、财政部门联合出台相关文件，保障足额的监测人员编制和人员经费，发放监测人员特殊岗位补助经费，保证合理的收入水平，避免监测队伍人员流动性过大。第二，出台国家层面的环境监测人员保护性政策，比如出台环境监测系统专业技术职称结构比例指导性意见、设立全国环境监测系统科技进步奖并作为职称评定的入门条件之一等，确保高水平技术人员引得进、留得住。第三，将《全国环境监测站建设标准》纳入各级政府的工作绩效考核指标，并以此为抓手，进一步强化环境监测人才队伍建设，提升环境监测整体水平。（摘自：辽宁省环境保护厅网站）

点评：该信息通过调研城市监测站承担的任务量剧增的现状，分析了任务过重和压力不断加大带来的风险，针对客观存在的问题提出了具体建议。整篇信息思想性较强，问题分析比较透彻，建议具有一定的可操作性，被辽宁省环保厅采用，引起相关领导重视，有助于有关问题的解决。

3．找准落脚点

所谓找准落脚点是指信息员编写的内容要达到反映进展、告知结果，交流经验、展示成果，分析问题、提出建议等目的。

（1）达到告知公众环境质量的目的

例 13：2011 年度宁夏全区环境质量稳中有升

2011 年度，宁夏区中卫下河沿（国控）、叶盛公路桥（国控）、平罗黄河大桥（国控）、麻黄沟（国控）水环境质量监测断面均为Ⅲ类良好水质；金沙湾（国控）、银古公路桥（省控）断面均为Ⅱ类优水质。……黄河干流宁夏区段水质总体状况稳定、良好。

2011 年度，影响宁夏区城市空气质量的首要污染物为可吸入颗粒物，其次为二氧化硫。环境空气质量达到国家环境空气质量二级标准的城市增加了 3 个，分别为吴忠市、固原市、石嘴山市，5 个地级市城区空气质量均达到国家环境空气质量二级标准。

2011 年度，全区 5 个地级市区域声环境平均等效声级 53.4 dB（A），同比去年下降 0.5 dB（A），区域声环境质量达到较好等级。（摘自：宁夏区环保厅官网《政务信息》）

点评：这是一篇环境监测质量类信息，采用平铺直叙的方式表述了宁夏区环境质量，达到了直接告知当地老百姓空气、水体、噪声等环境要素的质量改善情况的目的，被刊发在宁夏回族自治区环保厅官网，并被当地其他媒体转载报道。

（2）达到相互交流经验的目的

例 14：湖北环保气象签订合作协议　共推空气质量预警预报

为加强空气质量预警预报工作，省环保厅将与省气象局建立空气质量预警预报的合作机制，并建立长期合作关系，共同做好空气质量监测、预警、预报工作。

根据协议，湖北省环保厅与气象局将在 5 个方面开展合作，包括：建立双方联络和协调机制，共同完成信息共享、预警信息会商等工作；建立大气环境监测和信息共享机制，共建大气成分和气象要素观测站，建立数据共享平台，实现环境与气象监测数据共享；建立环境污染预报预警联合会商和服务产品联合发布机制，逐步建立环保气象一体化业务平台及信息发布系统，开拓全省气象与空气质量预报服务领域；建立重大环境污染事件联合调查和评估机制，对重点环境空气污染事件，如灰霾、秸秆燃烧等，明确应急方案，开展联合调查、监测和评估；建立科研开发和业务交流、培训合作机制，联合开展科研和技术开发，联合申报并实施重大项目攻关。

据湖北省环保厅监测处相关负责人介绍，共建共享合作协议的签订，将促使环保与气象部门合作进入一个新阶段，使双方原有单一的业务合作提升为业务科研、人才培养、管理机制等全方位的合作，为深化湖北省城市大气环境质量研究、提升空气污染精细化预警预报水平、更好地向公众提供公共服务产品、改善区域空气质量奠定了良好基础。（摘自：《中国环境报》）

点评：该信息被《中国环境报》报道，介绍了湖北省环保与气象两个部门在5个方面联合开展空气质量预警预报工作的成功做法，这种合作模式为其他监测站开展空气质量预报预警工作提供了宝贵经验。

（3）达到分析问题解决问题的目的

例15：云南省政府滇池水污染防治督导组调研滇池治理工程

14日，云南省政府滇池水污染防治专家督导组调研滇池治理工程时要求，要紧紧咬住滇池治理“十二五”规划各项目标，增强责任意识、强化危机意识，争分夺秒努力完成滇池治理各项工作任务。

调研组现场查看了牛栏江—滇池补水工程盘龙江清水通道、昆明第十污水处理厂、滇池海东湿地和污水处理厂尾水外排及资源化利用工程建设情况。

督导组组长牛绍尧，副组长晏友琼、高晓宇参加调研。

在听取有关部门的工作情况汇报和专家的意见建议后，牛绍尧说，在各方不懈努力下，滇池治理各项工程积极推进，取得了可喜的成绩。针对所调研项目建设中存在的问题，他提出，一是要加强湿地建设提升改造。处理好湿地建设中功能与景观的关系，在发挥湿地功能上下工夫。二是要切实加快污水处理厂尾水外排及资源化利用工程建设步伐。提升水资源利用效率，确保污水处理厂尾水排放明年6月底进入草海，8月底排入西园隧道。三是倒排工期，加强组织管理，确保牛栏江—滇池补水工程盘龙江清水通道今年8月底完成河道砌石工程，保证牛栏江补水工程通水需要。牛绍尧强调，目前滇池治理“十二五”规划时间已经过半，要紧紧抓住“十二五”规划确定的滇池治理目标，围绕项目实施，做好系统研究、顶层设计，进一步细化分解任务，加强工作衔接，形成合力。（摘自：环境保护部门户网站）

点评：滇池污染治理一直是云南省各界人士关心的环境热点。针对滇池污染治理存在的一些问题，调研组深入一线，查看了治污工程现场，并提出了三条意见。该信息落脚点准确，直指滇池污染治理要解决的关键问题，提出了富有指导性和操作性的建议，被环保部的工作动态刊用，推动了相关问题的解决。

二、素材挖掘

素材挖掘是编写环境监测信息的重要环节，也是提高信息编写能力的重要途径。每一名信息员应增强素材意识，充分认识素材对体现主题的作用。

1．广泛搜集

搜集素材的过程也是学习环保形势、政策，熟悉监测实际工作，了解社会公众诉求的过程。搜集素材应根据确定好的主题，纵向搜集历年来相关素材，横向搜集环保部和地方监测站的政策和经验以及专家学者的论述。搜集的素材要越广越好、越多越好。

如围绕全国农村环境质量监测搜集素材，就需要搜集中央领导关于农村环保的政策、环保部加强农村环境保护的部署要求和举措、历年来的《全国农村环境质量试点监测报告》、农民的环境诉求、地方监测站的农村环境监测工作情况以及专家学者媒体对农村环境的论述等。

2．认真筛选

所谓的筛选就是根据确定的主题，对所搜集到的素材进行选择性地整理。筛选的过程是去伪求真和去粗求精的过程。所谓去伪求真就是删除虚假材料保留真实材料。这就需要信息员掌握基本的业务知识和辨别能力。在实践中，应重点验证素材中的数字、时间、结论等方面。对于一些不能确定的内容，要征求相关部门和知情人的意见，确定无误后再引用。对于一些无法确定的数据和信息，要用抽象和概念性语言予以表达，以达到表明观点的目的。如素材“……某市2013年第一季度优良天数同比降低50%……”由于2012年与2013年实行的空气质量标准不一样，因此不具可比性，这种素材一定要慎重使用。如素材“……由于冬季采暖和气流原因，某市冬季优良天数将比去年同期降低5%……”因为实施的空气质量标准不同，像这种素材，应用概念性的语言进行综述，可改为“……由于冬季采暖和气流原因，某市冬季优良天数将比去年同期有所下降……”所谓去粗取精就是删除素材中的细枝末节，保留主要论述、观点、做法、成效等。

如写一篇空气质量监测任务量变化情况的信息，需要搜集空气质量监测项目、频次、范围等方面的素材。对于材料中涉及空气质量日报、周报、年报等发展历程和国家环境监测网发展建设情况的内容都可删除，主要搜集起始阶段空气质量监测项目、范围、频次、内容和历年来增加、扩大、丰富的情况。因为，这些是影响任务量变化的主要因素。

3．加工应用

素材加工是指根据要表达的观点对所筛选好的素材进行有目的性地再编写。其过程关键要做好由此及彼和由表入里的工作。

所谓由此及彼是指立足于眼前的事与物，运用想象、联想等思维方式，把有关的事与物连接起来，形成完整的材料实体。运用这种方法，既可虚实相生，也可以纵横结合。如长沙市某天的环境空气质量为严重污染，根据区域分布、产业布局、人口状况共性，可由此及彼推断附近的株洲市和湘潭市的空气质量为严重污染。

所谓由表入里是指透过材料的表象对一件事情或现象分析而总结出来的一般规律，这是确保信息内容有思想、有价值的必由之路。如材料“……胡锦涛、温家宝等党政领导人迅速赶赴汶川灾区指导抗震救灾……”一般人看到的是胡锦涛、温家宝党政领导人对人民群众的关怀，于是把笔墨集中在对领导人的歌颂上，这种思维是浅层的。实际上，深入一层去看，它反映出的是“以人为本”的执政理念，是对“生命”的尊重和敬畏，是勇于承担的坚定与信念。

素材应用是指根据编写信息的目的对同一份素材的不同使用方法。因为，同一素材站在不同角度有不同解读方法，能起到不同的作用。

如首届全国环境监测技术人员大比武决赛的素材，就有多种用途。在队伍建设方面，可以用“大比武”材料论述监测队伍的锻炼和作风锤炼，也可以用来论述监测系统选拔优秀技术人才。在开展创先争优活动方面，可以用“大比武”素材论述党员通过比技术看能力、比作风看党性等争创一流业绩和争当先进情况。在环境监测转型发展方面，可以用“大比武”素材来验证监测系统转型发展所取得的成绩和检验监测队伍“一条龙”建设情况。

三、谋篇布局

所谓谋篇布局是指在下笔之前对文章的总体构思和设计。其包括对文章的主旨、目的的构思，也包括对文章的整体结构、主要观点的思考，即先写什么、后写什么要做到心中有数。

1．制作标题

标题是一篇信息的眼睛，具有吸人眼球、激发阅读兴趣、展示主题、阐述观点等特点。标题可以根据确定好的主题先初步拟定，也可以在搜集好素材，编写好提纲后再拟定主题，还可以在逐步完善信息作品的过程中再精炼标题。总之，题目要反复推敲，不断凝练。

（1）范示恰当

根据新闻学的概念，标题分为三部分，即引题、正题、副题。环境监测信息也包含这三部分，但用法与新闻学的一般规律有所不同。

以上三部分标题范示都可以用于动态类信息、环境质量类信息、调研类信息，但也有一般规律可循。关键要根据刊用载体、阅者范围、传播途径等特点选择合适的范示。

如标题"某副市长调研民乐县铬渣解毒工作"。如果在监测站内部宣传，此标题适宜。如果刊用在该市政府网或党报应该选用引题+正题式，改为"某副市长在民乐县调研时强调　按时完成铬渣无害化处理不容打折扣"，在辖区内要体现领导重视和指示要求。如果报上级部门，应改为"甘肃省某市实行铬渣无害化处理倒计时机制"，不宜突出市领导，要直接阐述事件。

（2）醒目大气

醒目就是开门见山，直奔主题；大气就是突出亮点，吸引眼球。如标题"坚定信念不动摇　一心一意谋发展"。不读具体内容，这标题有三方面不清，一是主题不清，二是事件不清，三是主语不清。这种标题属于软标题，应加副标题；或者改为"某站深入学习十八大精神，出台多项举措推进转型发展"。这样一改，就告之读者该单位通过学习贯彻十八大精神和厅领导讲话，统一了思想，拓宽了思路，谋划了举措，取得了实效。

（3）观点鲜明

标题是主题的集中体现，直接阐明观点是突出主题的有效做法，为此，在拟制标题时要表明观点。一般质量类和调研类环境监测信息是体现这一要求的主要类型。如标题"某自治区近年沙尘天气发生情况"缺乏观点，不知道沙尘天气减少了还是增加了。标题中"近年"不宜出现，给读者模糊不清之感。应改为"某自治区今年沙尘天气与去年同期相比降多少或增多少（百分数）"。如果为突出做法先进和成效，可改为"某区采取多项措施，沙尘天气与去年相比降低多少（百分数）"。

（4）言简意赅

标题要表达主题、观点、中心思想，不代表就要字数多、层次多，反而要精明扼要，以最精练的句子表达最想要表达的问题，不能拖泥带水，面面俱到，应只突出一个中心。如标题"我国农村环境质量总体良好，部分环境领域污染严重应引起高度重视"。这标题表达了三层意思，一是告诉领导农村环境质量尚好；二是农村环境污染有加重倾向；三是提醒领导要重视农村环保。这就造成中心不突出，抓不住领导眼球，难以达到预想目的。

为了引起领导重视和受到领导批示，标题应改为“我国农村环境质量不容乐观”。领导看到此标题就会想了解哪些方面不容乐观。从而达到引起领导关注和推动问题解决的目的。

2．拟定提纲

提纲是谋篇布局的核心部分，是所要编写文章内容的主要要点，是作者整体构思文章的集中表现。信息员要养成“提纲不列文不动”的良好习惯。拟定提纲一般以标题式提纲法为主。此法，有利于信息员组织材料和想问题更周到，同时可避免一面写一面想，写时吃力不讨好。列提纲，一定要紧紧围绕主题，在充分掌握领导意图和读者心里诉求的基础上进行。列提纲越细致越好，不要光列大题目，还要列小题目，就连每个小题目里各写几层意思，哪一层意思放在哪一个题目里面，也要考虑清楚。

提纲一般分一级标题、二级标题和三级标题。一级标题之间应在一个层次，不能错位；二级标题是支撑一级标题的主要观点，三级标题应明确写哪几部分内容支撑二级标题。拟制提纲应长短适宜，能统领下级标题，表述客观准确。

例 16：某站 2012 年党建工作总结提纲

一、加强政治建设，提高党员职工政治理论水平

二、加强队伍建设，夯实单位党建工作组织基础

三、加强作风建设，增强党员干部服务群众意识

四、加强廉政建设，建立健全权力运行监管机制

五、加强文化建设，努力构建监测特点单位形象

如一级标题的“政治建设”与其他一级标题存在不在同一层次、表述不准确等问题。因为，政治建设与经济建设、社会建设、文化建设、生态建设为一个层级的，范畴偏大，应该改为“思想建设”。另外“一级标题队伍建设”低于其他标题的层次，应改为“组织建设”。一级标题“文化建设”也存在范围偏大的问题，应改为“制度建设”。其中的“努力构建监测特点单位形象”表述不准确，应改为“努力塑造单位积极上进形象”。

二级标题是一级标题的子目录，不应越位错位。如二级标题应紧紧围绕一级标题“加强政治理论学习，提高干部职工思想素质”来阐述。可以分为：党委中心组带头学；各党支部深入学；党员干部具体学等三部分支撑一级标题。二级标题的内容就需要思考写几层内容。如二级标题“党委中心组带头学”就可以写三层意思，即采用什么形式组织学习、主要学习了哪些内容、学习成效有哪些。

3．文面设计

所谓文面设计是指对文章外部形式和内部结构的总体思考和把握。外部形式是指文章层次、段落、过渡等方面。内部结构是指文章思路的内在逻辑，在动态类环境监测信息里可称之为“线索”，在质量类和调研类环境监测信息里可称之为“脉络”。总之，不管什么类型的信息作品，必然有一缕贯穿的线索和脉络。

层次是指文章各部分内容表达的次序，它着眼于思想内容的划分，段落是行文时自然形成的基本单位，它侧重于文字表达的需要。层次和段落既有区别，又有联系：层次着眼于思想内容的划分，段落侧重于文字表达的需要；一般来讲，层次大于段落，即几个段落表达一个层次，但有时段落的划分恰好与层次一致，二者相等；层次安排方式有总分式、并列式、递进式和对比式，根据信息员的编写思路或掌握的线索来决定，段落划分强调的是集中、完整和匀称。

文面设计还包括过渡和照应。过渡和照应是使文章内容前后连贯的一种重要结构手段。过渡在文章中起承上启下的作用，它使先后相关的两个层次和段落上下连贯、前后衔接。照应就是文章前后内容关照呼应，能使结构严密，脉络连贯。

（1）层次分明

层次分明是指一篇环境监测业务信息的思想清晰，具有很强的逻辑性；内容充实，足以论证观点和思想。层次分明的一篇信息更能激发读者深入阅读的兴趣。

例 17：城市环境监测站任务过重的情况应予以重视

摘要：当前，任务重、压力大的现象在各级监测站普遍存在，而城市监测站尤为突出，长期超负荷运转，一是难以持续、二是隐藏着巨大风险，亟须从优化监测任务格局和提高监测站任务承担能力入手，双管齐下，推动城市监测站可持续发展。

任务量与承载力矛盾突出

从任务来源看，……以污染源监督性监测为例，本辖区任务约占总任务的 69.8%。

从任务构成看，环境质量监测任务约占总任务量的 60%，污染源监督监测、环评现状监测、环保竣工验收监测约占总任务的 30%。……

从数据获取看，……数据量翻了 3.6 倍，任务量可见一斑。

基于当前任务量，城市监测站是否具备完成好这些任务量的承载能力？

以手工采样为例，……累计需完成样品采集量约为 32 万个，是标准承担能力的 1.8 倍。

以实验室分析测试为例，……调研的 10 个监测站的实验室接受的分析测试任务需获取监测数据约 60 万个，是标准承担能力的 1.7 倍。

以自动站运行维护为例，……调研的 10 个城市站自动站在编人员总数为 49 人，……而实际承担约为标准承担能力的 6.7 倍。

综上所述，任务量远远超出了本身的承担能力，不得不通过延长职工劳动时间、节假日加班、编外聘用工作人员等途径来消化任务……

风险隐患应关注

长期负重工作难以为继。……压力大、待遇低，很大程度上造成了监测站业务骨干的流失，长此以往，难以为继。

质量服从进度令人担忧。……按照当前的任务量和工作时限要求，所有监测工作如果严格按照标准规范来完成，时间没有保证。……数据质量难以保证。

化解压力需探索

对策一：给监测任务做“减法”。……优化任务设计、突出重点，坚持有所为、有所不为，减少无用功。

对策二：优化任务承担格局。……从监测任务的组织实施上看，应合理优化各级监测站间的任务分配……为城市监测站“减负”。……从任务管理上看，要增强任务安排的计划性和科学性……

对策三：强化硬实力。……抓紧修订《全国环境监测站建设标准》……

对策四：提升软实力。……积极扩充人员数量……扎实开展技术培训……加强技术管理。

……（摘自：中国环境监测总站重要情况专报）

点评：这是从一篇调研课题成果报告中提炼整理出上报部领导参阅的“重要情况专报”。因此，该信息在文面设计上注重层次分明，段落清晰，观点鲜明，符合领导阅读习惯，具有较强逻辑性和说服力，引起有关领导高度重视。

（2）衔接自然

一个段落表达一层意思，每一层意思之间要保持一定的关联，应具较强的逻辑性和衔接性。下面这个例子的每个段落头句都对上一个段落做了回应，使得段落之间衔接得很恰当。

例 18：陕西汉中市四项措施抓秸秆禁烧和综合利用工作

近日，为确保全市空气质量和群众身体健康不受影响，汉中市将禁烧覆盖全市各县区，实行全面禁烧，并采取四项硬措施抓秸秆禁烧和综合利用工作。

强化责任、分片包抓。秸秆禁烧和综合利用工作实行属地负责制，各县区政府“一把手”是第一责任人，分管领导是直接责任人。坚持县级领导包镇、镇领导包村组、县级部门包重点村、村组干部包田块的“四包”责任制，落实镇、村组织及干部禁烧工作的任务和责任。市政府成立了秸秆禁烧和综合利用工作领导小组，将全市十二个县区秸秆禁烧和综合利用工作夯实到市环保、农业、监察等 11 个部门，县区政府和各镇均成立相应组织机构，落实责任，细化分工，保证禁烧工作顺利开展。

综合利用、寻找出路。在明确责任和任务的基础上，农业和科技部门大力推广在秸秆利用、免耕覆盖、粉碎还田等方面比较成熟的经验，加大粉碎还田力度，提高秸秆的资源利用效益。财政和发改委部门为开展秸秆禁烧和资源化利用工作提供资金和项目支持。县区政府采取措施，最大限度地扩大机械粉碎还田面积，同时大力开展秸秆收储，发展秸秆制品加工企业和农户，扩大加工生产能力。并结合正在开展的农村清洁工程，大力推广秸秆还田和综合利用技术，发展秸秆产业，减轻禁烧工作压力。

加强监督、严格奖惩。找到了秸秆综合利用的出路，还要建立激励和约束机制，使各级政府和广大农民转变为自觉行动。为此，各县区组成专门的工作队伍对镇（办事处）禁烧工作进行督促检查，各镇（办事处）、村禁烧人员加强现场值守。对出现大面积焚烧现象，造成污染事故或重大影响的，坚决追究有关责任人的责任。……同时，市政府拟从年终县区政府“空气质量”综合考核指标中，拿出一定的分值，用于夏秋季秸秆禁烧工作的考核。由市考核办、市监察局、环保局组成考核组，对县区的禁烧工作进行考核。对在禁烧工作中做出显著成效的给予表彰奖励；对工作不力，秸秆露天焚烧严重的给予惩处。

宣传引导、媒体监督。在强化监督执法的基础上，加强舆论引导，也是提高各级政府和广大农民环保意识的有效办法。新闻媒体充分发挥舆论导向和舆论监督作用，引导秸秆禁烧和综合利用。汉中电视台、汉中日报、市广播电台在禁烧期间安排重点县区、领导专访栏目，安排专门力量采访报道秸秆禁烧工作动态，设立曝光台批评露天焚烧行为，表彰秸秆禁烧和收储利用的先进典型，发布禁烧公益广告，刊登播放秸秆禁烧和综合利用相关法令、条规和科普知识。各县区采取组装宣传车、悬挂宣传横幅、张贴宣传单、刷写标语，召开村民大会等形式广泛宣传动员群众，把焚烧秸秆的危害、转化利用和禁烧的有关规定宣传到村到户。（摘自：环境保护部门户网站）

点评：夏季是我国部分农村焚烧秸秆的季节。一些农村的秸秆焚烧造成空气严重污染，损害了当地居民的身体健康，也影响了他们生产生活。该信息详细报道了“强化责任、分片包抓；综合利用、寻找出路；强化监督、严格奖惩；宣传引导、媒体监督”四项举措综合整治秸秆焚烧引发的环境问题。该信息分四个段落分别介绍四项举措，全文条理清晰，结构严谨，脉络连贯，段落有致，被中央媒体各网站相继报道。

（3）首尾呼应

环境监测业务信息是文章的一种，也具有完整性。首尾呼应是体现一篇信息完整性的主要写作手法，这种写作手法就是要求覆盖上首，相互照应。具体来讲，在文章开头提到某内容，结尾时应予以呼应。

例 19：山西省第二届环境监测系统技术比武活动成功举办

2012 年 4 月 26—27 日，山西省第二届环境监测技术大比武活动在太原隆重举办。省中心站裴站长主持开幕式，省环保厅环境监测处沈处长在开幕式上致辞，刘副厅长宣布本次比武开幕。

……

这是继 2009 年山西省举办首届环境监测系统技术大比武之后的第二届技术大比武。通过成功举办这次大比武，进一步激发了全省环境监测人员学技术、钻业务、强素质的热情，增强了各市级监测站重技术、重人才的意识，达到了提高全省环境监测业务和技术水平的目的。(摘自：山西省环保厅《信息公开》)

点评：该信息的结尾对“大比武”活动取得的实际成效进行了总体概括，对标题和开头予以了回应，确保了信息的完整性。这篇信息被山西省环保厅官网报道，还被当地有关媒体予以了转载，取得了良好反响。

四、风格定位

风格是作者的性格、趣味、思想、思维方式、价值观等特征的属性，以文字符号为载体，向读者传达出种种感受的集中体现。作为讲究实用性的环境监测业务信息，其风格定位要根据信息类型、读者群体、报送渠道不同选择合适的文体和文风。

1．体例规范

所谓体例是指应遵循现有的约定俗成的范式。体例规范的环境监测业务信息是尊重读者的体现，能给采编者好的第一印象以提高刊用率。目前，国家对公文的体例有相关标准，环境监测业务信息严格来讲不属于公文范畴，没有相应的标准，但作为流传于公务活动中的文体，应参照《党政机关公文处理工作条例》（中发[2012]4 号）文中的规定。

由于环境监测业务信息讲究时效性，其报送的对象不同，体例有所差异。如报送给领导的信息，风格要参照公文范示，力求严肃庄重，形式统一。在内容中不宜采用化学符号、方程式、比例图标等方式表达，应转化为简洁明了的语言。表达方式不宜转弯抹角，应开门见山式直接表述观点、结果等。如向普通公众公开的信息，文体应符合大众口味，通俗易懂、形象生动。如监测系统内交流的信息，文体需要更专业化，多用数据、图标、例子等表明观点。

2. 文风清新

所谓文风清新是指文章在内容、形式、语言等方面具有“短、实、新”的特点。在具体操作中，信息员要避免出现“写谁谁看，谁写谁看”的现象。要减少套话俗话、避免长而空的话。要多用短语短句，例行精简。要挖掘数据、现象、问题背后的根源。

（1）内容活泼、形式新颖

例20：做好“减放简短优管”六字文章　浙江省下放环评审批权

浙江省丽水市云和县创发木业有限公司负责人颜某最近正加班加点指挥布设粉尘过滤设施。

“完全没料到，环保审批申请不到3天就有了回复。”颜某说，这样的高效率相当于为项目快速上马又“加了一鞭”，“按照审批函上的要求改进设施，早落实早开张。”

审批时限压缩效率提升

过去，从受理到出具环保审批意见，一般需要30天左右。但自今年4月以来，这个时限在云和县大大压缩了。

据云和县环保局有关负责人介绍，以往法定办理期限是在完全按照办理流程、涵盖所有办理手续的情况下设定时间，每一个环节都需要安排充裕的时间来审核，但现在，环保部门按省里要求，精简了原有审批事项，同时压缩每个所需环节的办理时间，从而实现了审批效率的大幅提升。

不仅仅是颜某，宁波市宁海县的王小姐同样十分欣喜。当她来到宁海县行政服务中心环保窗口办理环评审批时，得知开花店不再需要办理环评审批手续后，开心地说：“这可省了不少精力。”

像这样获益的人不在少数。

全面下放环评审批权限

浙江省环保厅建设项目管理处林副处长告诉记者，近几年来，浙江省环保厅探索建立了空间、总量、项目“三位一体”的环境准入制度和专家评估、公众评议“两评结合”的环境决策咨询机制，构建了科学完备的环境准入制度。

同时，为进一步提高环评审批效率，浙江省环保厅简政放权，依法全面下放环评审批权限，并提请省政府出台了分级管理规定，将69.5%的省级立项项目的环评审批权限直接下放到市、县，有效地缩短了环评审批时间。

2012年，浙江省本级仅审批建设项目环评177个（不包括辐射项目），审批数量在华东地区是最少的。

更加注重监管

在“弱审批”的同时，浙江省环保厅更加注重“强监管”，对环评审批前置环节加强监管，重点强化环评中介组织管理，缩短环评时间，提高环评质量。

同时，浙江省环保厅督促各环评机构规范咨询服务收费，全省环评机构编制环境影响报告书、报告表的收费按基准收费标准降低30%收取。

对省本级审批的项目，浙江省环保厅则主动提前介入服务，及早告知环评报批相关要求，积极帮助企业出谋划策，争取在项目前期工作中少走弯路，加快进度。

七大类中小项目不再审批

为切实减轻企业负担，更好地服务小微企业，浙江省环保厅还出台了《浙江省第一批不纳入建设项目环境影响评价审批的目录（试行）》。

这一文件明确规定，中小型停车场、房屋装修、场地改造、软件研发类企业等涉及七大类32个类别污染较小、对生态环境影响不明显的中小型建设项目不需要再编制环评报告并审批。

经估算，每年浙江省有两万多家小微企业、个体户、农户可从中受益，每个项目前期工作预计平均可减少10个工作日以上。

这一举措还大大减轻了小微企业、个体户、农户等的经济负担。按每个项目平均环评费用1 000元计，累计减少支出2 000万元以上。

继续做好审批制度改革

在前不久召开的浙江省环保系统反腐倡廉和作风建设视频会议上，省环保厅徐厅长强调，全省环保系统要在简政放权上下工夫，进一步做好审批制度改革“减、放、简、短、优、管”六字文章。全面清理非行政许可审批事项，能够取消的必须取消。

浙江省环保厅要求，进一步规范环评审批程序，优化审查流程，再挖潜力、再提时效。对下放审批的事项，则要做好跟踪问效和督察督办，组织开展系统培训，提高审批质量，优化审批服务。

浙江省环保厅在广泛征求市县环保部门意见的基础上，今年还将制定出台《第二批不纳入建设项目环境影响评价审批的目录》。

据介绍，浙江省环保厅还将研究建立全省环评机构信用等级记录制度，及时将环评质量差、诚信缺失的环评单位列入黑名单，并向社会公布。（摘自：《中国环境报》）

点评：该信息属于环保政策解读性质的信息，其在编写方式上采用老百姓的语言和读者容易接受的方式，就像与群众面对面的谈话。整篇信息主题明确、内容活泼、语言朴实、形式新颖、文风清新，让读者阅读起来轻松并容易接受和认可，避免了原文转载相关政策而带来的枯燥死板的现象。

（2）语言朴实、表述准确

例 21：甘肃兰州多措并举治理空气污染源　机动车单双号限行提上日 程

根据监测数据显示：7月份，兰州市空气中的二氧化氮、一氧化碳和臭氧浓度比 6月份分别上升了 72.41%、55.22%和 28.74%，其中二氧化氮、一氧化碳上升幅度最大，导致污染物臭氧浓度随之上升；二氧化硫浓度比 6 月份上升了 31.58%；六项污染物综合质量指数由 6 月份的 3.3 上升至 4.13。兰州市空气中的二氧化氮、一氧化碳和臭氧浓度与 6月份相比上升较快。为了巩固兰州市治污效果，兰州市将继续加大力度，多措并举治理各种污染源。

一是机动车单双号限行提上日 程。从 7月份的监测数据看，兰州市机动车尾气污染明显增加，导致 7月份兰州大气氮氧化物、一氧化碳浓度上升较快。为减轻环境污染，兰州市环保局联合交管部门研究制定机动车单双号限行的具体措施，并加大对机动车的路检抽检和监管处罚力度，严格控制机动车尾气污染。

二是全面开展加油站油气回收治理。兰州市环保局将从 9月 1日 起，在全市开展空气质量流动监测和企业排污在线预警分析，对违法排污企业实施高限处罚并进行媒体曝光；自 10月 1日 起，在冬季供暖期一个月前对五大企业实行驻厂监察；抽调精干力量，对个别进展缓慢的治理项目 所在企业实行驻厂督办；加大与中石油甘肃销售公司的衔接沟通力度，全面开展加油站油气回收治理。在 10月中旬前，下达今冬限产停产企业计划。

三是加大对低空面源污染的防治。兰州市近郊四区政府将在 9月 10日 前，健全和完善网格化管理体系，细化工作方案，确定责任人员，落实工作责任，制定考核奖惩办法，对低空面源污染实行无盲区、无缝隙监管。各县区将在 9月 15日 前，对辖区内重点区域的突出问题进行综合整治，重点对青白 石、雁滩、大砂坪、黄羊头、范家坪以及榆中和平定远地区 、皋兰九合忠和地区 进行集中 整治，确保重点区 域低空面源污染得到有效治理。

四是强化责任追究。在扬尘污染治理方面，落实“有人管、有标准、有考核、有奖惩”的工作机制，严格控制市区内的各种扬尘污染源。9月 10日 前，落实市区 所有建筑施工、道路施工工地全封闭施工和出入口 洗车平台建设，做好市区内道路和南山路、北环路施工现场扬尘防控工作。同时，新增 10 个供水站点，加大对主次干道的机械化清扫清洗力度，落实全天保洁制度；组建专门队伍，对拆迁工地、渣土运输车辆等进行全天候监管；对市区扬尘监测、工业堆场渣场的扬尘污染防治和扬尘信息进行公示，对各区降尘量一周一通报，降尘量连续三周排名最高的对相关负责人进行问责。（摘自：环保部官网《工作动态》）

点评：信息的语言有自己独特的风格，与公文、一般文章的语言有所不同。信息的主要作用是交流工作情况、反映环境状况、支撑环保决策、回应社会关切，具有真实性、时效性、借鉴性、预见性等特点。该信息用具体的举措、明确的时限，论述了兰州市为治理空气污染做的大量工作。整篇信息用语准确、平实、明快、庄重，未出现可能、大概、或许、有时等忌讳词语，层次清晰、内

容朴实，是一篇高质量信息。该信息被环保部官网、中国新闻网、中国甘肃网等媒体刊用转载，取得良好效果。

3．篇幅适宜

环境监测业务信息应坚持篇幅长短适宜的原则。一般动态类、质量类和调研类信息的篇幅应分别在 500、1 500、3 000 字左右。篇幅过长容易造成视觉疲劳，篇幅过短不足以发挥信息的作用。在实际操作中，信息的篇幅长短要根据读者群特点和载体属性来选择合适的篇幅。

网络媒体具有广泛的空间容量，因此，选择刊登在网络媒体的信息内容可尽量丰富。

例 22：监测总站在研究部署三项重点工作中，贯彻落实习近平总书记讲话精神

根据上级统一部署安排，2013 年 5 月 29日，监测总站党委结合当前主要任务和重点工作，召开党委扩大学习会议。会议传达学习了习近平总书记在中共中央政治局第六次集体学习上重要讲话精神和周生贤部长的指示要求。

会议强调，要结合重点工作和实际深刻领会和吃透习近平总书记讲话精神。要不断增强紧迫感和责任感，把思想和行动统一到党中央及环保部关于生态文明建设和环境保护工作的指示要求上来，切实发挥环境监测服务生态文明建设和支撑环境管理的作用。

一是以创新精神实施好空气质量新标准监测能力建设项目。在全面总结第一阶段监测工作经验的基础上，要主动查找存在的技术问题和深入分析一些技术难题，认真研究对策解决。要大力推进承担第二阶段任务的 64 个重点城市 226 个监测点位和 27 个县级环保模范城市的能力建设方案的实施，及时跟踪第二阶段任务的实施情况，以创新精神做好空气监测的质量保证和控制工作，对出现的新问题要及时制定新举措予以解决。要克服困难，加快推进"三区"空气质量预报预警监测能力建设，争取年底形成初步预测能力。

二是以实干精神做好水环境质量监测。认真对照年初计划，及时编写各类水质环境监测报告。按照环保部要求，积极做好地表水环境标准修订后各项指标监测准备工作。认真组织 338 个城市饮用水水源地水质监测，按时上报重要信息专报，提高支撑环境管理的能力。抓紧完成国控地表水环境监测数据传输软件的升级改造工作，提高数据的综合利用水平。加大群众普遍关心的重金属、生物毒性、化学品等领域的监测力度，及时上报异常情况。

三是以为民精神开展好农村环境监测。抓紧编制 2012 年全国农村环境试点监测报告，认真总结和梳理试点监测工作经验和问题并形成重要信息专报，为环保部部署中长期农村环境环保工作提供技术支撑。继续开展好国家生态功能区县域生态环境质量考核评价工作，促进"以奖促治"政策落实。抓紧开展《农村环境质量评价办法（试行)》应用试点工作，为研究制定农村环境监测技术路线奠定有力基础。（摘自：环保部官网《动态信息》专栏）

如果选择《环保工作动态》等纸张媒体刊登，由于容量有限，一般要精简内容，字数控制在合理范围。因此，同一信息可精简为：

例 23：总站在研究部署三项重点工作中贯彻落实习近平总书记讲话精神

2013 年 5 月 29日，监测总站党委结合当前主要任务和重点工作，传达学习了习近平总书记在中共中央政治局第六次集体学习上重要讲话精神和周生贤部长的指示要求。会议要求把思想和行动统一到党中央及环保部关于生态文明建设和环境保护工作的指示要求上来，切实发挥环境监测服务生态文明建设和支撑环境管理的作用。一是以创新精神实施好空气质量新标准监测能力建设项目。二是以实干精神做好水环境质量监测。三是以为民精神开展好农村环境监测。（摘自：环保部直属机关党委《党建信息简报》）

篇幅长短的另一个重要依据是要根据读者群体的特点来合理控制信息的篇幅。如质量类信息和调研类信息的篇幅普遍较长。若直接报送给领导阅示一般很难得到重视和关注。针对这种情况，一般要对质量类信息和调研类信息进行深加工，将有价值的信息予以综合归纳。

如《2012 年全国农村环境质量试点监测报告》有 3 万余字。报告内容丰富、分析比较全面，但直接报给领导参阅很难引起关注和重视。为此，应予深加工编写成“重要情况专报”，如例 6，以不到 2 000 字的篇幅将报告中的主要信息、结论、建议等核心内容予以综述，起到了引起领导关注和推动相关问题得以解决的作用。再如调研报告，一般是上万字的篇幅，同样也需要压缩篇幅，把调研的背景、问题的根源、解决问题的对策等核心内容予以精炼，将会起到事半功倍的作用。

第三章　环境监测业务信息的报送与刊用

向行政管理机关和业务主管部门报送信息是监测部门的重要职责，监测部门提供的业务信息是行政管理机关和业务主管部门了解情况、指导全局工作、为领导提供决策支持的重要参考和依据，因此环境监测业务信息报送和刊用尤其重要。

环境监测业务信息报送的范围主要包括如下几方面：

贯彻落实环境保护方针、政策、措施和环境监测工作部署的重要情况；各级领导对环境保护与环境监测工作的重要批示；环境监测工作的新部署、新情况、新举措、新经验等；全国与各地区环境质量状况、污染排放状况及环境突发事件的监测结果；环境监测重点工作进展情况、存在问题及对策建议；环境监测系统党建工作、精神文明建设及政风行风建设的成绩、经验和问题；环境监测系统干部、职工的突出贡献，重要成果和典型事迹；重要调研报告和趋向性、动态性及其他综合信息等。

一、环境监测业务信息报送程序

环境监测业务信息报送程序一般包括：撰稿、核稿、签发、报送四个阶段，具体流程见图 1。

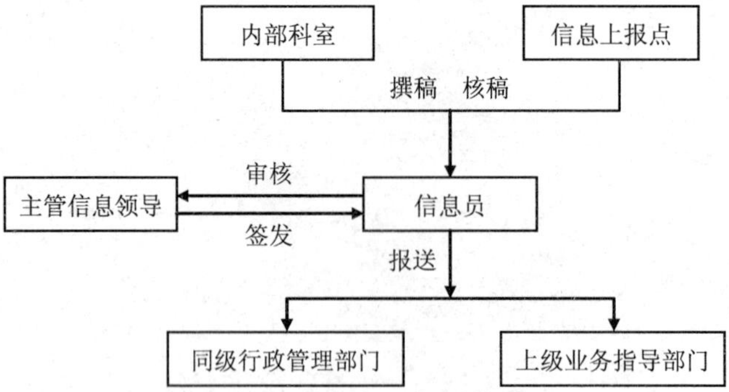

图 1　业务信息报送程序流程

1．撰稿

环境监测业务信息可以通过多种形式、多种渠道进行收集。其主要来源是：上报或下发的文件、会议材料、领导批示、电话记录、工作总结、基层情况、调研报告、环境事故报告、群众反映、信访材料及下级报送的环境业务信息、文件、材料等。必要时也可以向有关信息成员单位约稿或直接采访、调研，收集第一手材料。收集材料后编辑整理就是撰稿。

撰稿的一般要求：

① 选材真实可靠，信息中的事例、数字，称谓要使用全称，准确无误。

② 撰写的信息要有与文题相符的标题，主题鲜明，言简意赅，力求用简练的文字和有代表性的数据反映事件的概貌和发展趋势。

③ 信息内容应当有新意、有深度，有典型性和指导性；反映情况和问题的信息，要有过程概述、有问题分析、有措施建议。

④ 一事一报，文风朴实，简明扼要并合乎语法逻辑。

撰稿一般要把握好三个环节：

① 收集要快。对一些可预见的重要工作，信息工作要提前介入，密切追踪，随时收集，如重要会议、重点技术成果、重大活动等。

② 撰稿要快。要树立强烈的时间观念，重要信息及时撰写，如应急监测信息、重要会议精神贯彻落实情况，一般应在第一时间撰写稿件。

③ 上报要快。要高度重视通讯联络工作，保持信息上报迅捷、畅通。

例 1：上海市于 12月 1日 正式发布空气质量指数（AQI），同步推出“上海空气质量”手机软件和英文版空气质量实时发布系统网站

在 11月 16日 长三角地区同步试点发布空气质量指数（AQI）的基础上，上海市于 12月 1日 正式发布 AQI。试点发布以来，根据市民的意见与建议，上海市进一步完善了空气质量信息的发布形式，正式发布时除继续采用网站、微博、电视、广播等发布渠道外，还同步推出了上海空气质量手机软件和英文版空气质量实时发布系统网站。

在新改版的上海市空气质量实时发布系统网站上，市民会发现备受关注的空气质量宝宝和外滩地区实景照片已被移到了最为醒目的位置。网站上方同时增加了手机软件和英文版页面的相关链接。

新推出的上海空气质量手机软件包括苹果版和安卓版两个版本。通过上海空气质量手机软件，市民可随时随地获取最新的空气质量信息（每次整点时刻过后约半小时左右更新一次），包括全市和各国控点的空气质量指数（AQI）、空气质量等级、首要污染物、健康影响及建议措施、单项污染物空气质量分指数（IAQI）及浓度等，其中全市和各国控点的 AQI 除了显示实时数据外，还可以查询最近 24 小时以及最近 30 天的历史数据。

试点发布期间在上海市空气质量实时发布系统网站上开展的空气质量宝宝征名活动得到了 3 000 多名热心网友的参与，也征集到了不少好名字。12月 1日 起，将选择得票率较高的名

字继续在网站上开展新一轮的投票活动，欢迎更多的市民踊跃参与。(摘自：中国环境监测总站网站)

信息点评：该信息选材紧扣当时环境监测的重点工作及公众普遍关注的空气质量发布热点信息，于 2012 年 12 月 3 日上报中国环境监测总站。信息收集快，撰稿及时（撰稿时间在 2 日或 3 日），上报及时。

例 2：中哈两国首次开展霍尔果斯界河联合水质监测

根据中华人民共和国环境保护部《关于做好 2012 年中哈跨界河流水质联合监测工作的函》（环测便函 [2012]81 号）及《中哈环保合作委员会跨界河流水质监测与分析评估工作组第一次会议纪要》安排，中国与哈萨克斯坦两国定于 2012 年 9月 11日 对霍尔果斯界河中哈会晤桥断面水质进行联合监测，伊犁哈萨克自治州环境监测站按照自治区环保厅和伊犁哈萨克州环保局的要求，承担了本次联合监测任务。

参加此次联合监测的中哈人员共 18 人，其中中方 11 人，哈方 7 人。中方代表团分别来自环保部监测司、国际司、政研中心、中国环境监测总站、新疆环保厅和新疆环境监测总站等单位和部门，由环保部监测司朱建平副司长带队。

为确保此项工作顺利完成，伊犁哈萨克州环保局及监测站进行了周密的准备工作，编写了详尽的监测方案和质控方案，成立了由州环保局党组书记冉齐钢为组长的联合监测领导小组，指定了伊犁哈萨克州环境监测站站长缪燕江担任本次联合监测技术组总负责人。

按照约定，联合监测时间为 2012 年 9月 11日 北京时间 15:00（阿斯塔纳时间 13:00）。在双方边防工作人员的监督下开展了联合监测工作。联合监测约定测试项目共 28 项，约定数据交换时间为 2012 年 9月底之前。监测中，中方同时对监测断面的气象参数、水文参数也进行了实测。

此次中哈两国联合监测在全国环保系统尚属首次，填补了伊犁哈萨克州环境监测工作国际合作的空白，为伊犁哈萨克州环境监测站开展国际间环境监测技术交流提供了难得的机会，开创了新疆环境监测尤其是伊犁哈萨克州环境监测工作的新局面。(摘自：中国环境监测总站网站)

信息点评：采取约稿或直接采访、调研，收集第一手材料，是编写信息常用方法，该信息就是一篇关于界河联合监测方面的约稿。约稿方想了解的情况，信息中表述清晰准确，达到了约稿的目的。

2．核稿

在业务信息呈送领导签发之前，要由撰稿人所在的单位职能部门和秘书部门的负责人审核把关，确保业务信息上报及时、规范、准确。

在核稿过程中要把握好五关：

① 把好结构关，注意结构的严谨性。

② 把好政策关，主要核查信息文稿的内容是否符合党的路线、方针、政策，是否符合当前的中心工作。

③ 把好事实关，信息内容必须准确，事实要真实可靠，数字要准确无误。

④ 要把好语言文字关，信息文稿的语言文字要简单明了。

⑤ 把好安全关，敏感信息是否涉密，涉密信息应标注。

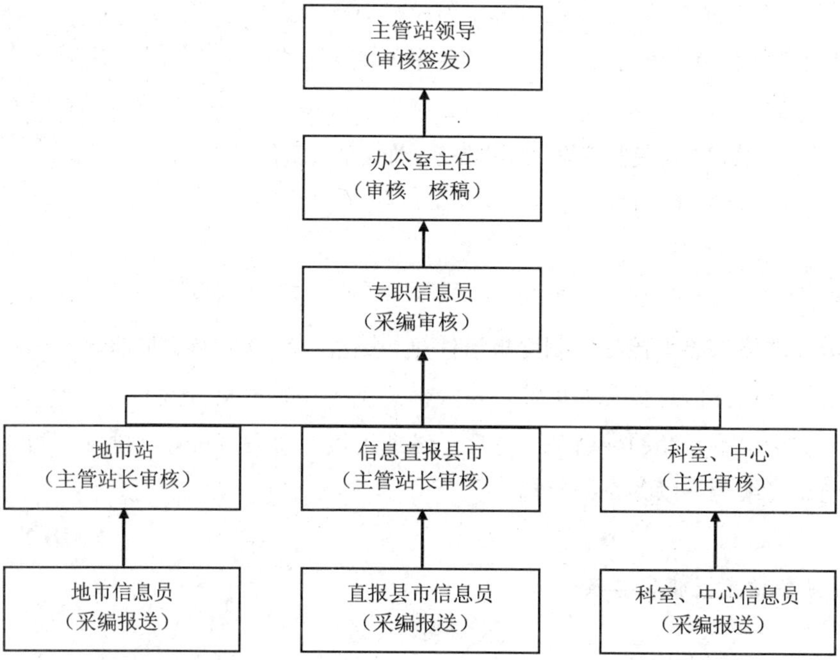

图 2　信息审核流程

例 3：环保部吴晓青副部长到北京市环境保护监测中心调研慰问

2013 年 2 月 4日，环境保护部吴晓青副部长在北京市张工副市长陪同下，到北京市环境保护监测中心调研环境监测工作，环境保护部万本太总工程师、科技司赵英民司长、监测司罗毅司长等有关领导随行调研。

吴晓青副部长一行查看了西直门北大街和西城官园两个环境空气自动监测子站的运行维护情况；观摩了大气综合观测实验室、空气质量监测质控实验室、有机分析实验室工作情况；听取了空气质量监测发布系统的工作汇报；对 $PM_{2.5}$的组成成分、空气质量预测预报、自动监测系统仪器设备维修校准、标准溯源、质量管理等工作进行了细致的了解。

吴晓青副部长转达了周生贤部长对北京市工作在环境保护工作一线同志们的问候，宣读了周生贤部长在北京市应对雾霾工作报告上的批示：这次应对，北京市的工作做得是好的，非常感谢大家卓有成效的工作，衷心祝愿同志们春节愉快。

吴晓青副部长指出，前一阶段极端气象条件下产生的重污染状况，是执行新的空气环境质量标准后首次出现的重污染现象，是对环境监测系统的一次大考，全国尤其是北京的环境监测队伍经受住了考验，做出了巨大的贡献，及时、准确地发布空气环境质量信息，公布真实的空气环境质量状况，采取有效的应对处理措施，指导公众健康出行，得到了全社会的理解和认可。希望今后北京环境监测工作要继续为全国做表率，争取更大成绩。

张工副市长代表北京市政府对环境保护部多年来对北京市环保工作的指导和支持表示感谢，同时强调北京市将继续努力，把环保工作做得更好。

北京市环境保护局陈添局长、庄志东副局长及相关业务部门负责人陪同调研。（摘自：中国环境监测总站网站）

信息点评：该信息内容真实可靠，时间准确，涉及的人员称谓准确无误，结构合理，语言简单明了。

3．签发

信息员要严格按照审核签发制度报送信息。报送上级单位的环境监测业务信息必须经分管领导或主管业务信息负责人审签，重大信息上报需单位负责人签发。遇有紧急情况，在领导不在的情况下，经领导口头同意后，迅速上报，事后再按程序补签。报送前要由信息主管部门统一编号，以备查询存档。

例 4：业务信息上报审签表

××年-×篇

报送单位：　　　　　　　　　　　　　　　　　　　　　　　　　报送日期：

信息标题：全国部分省（市）环境监测工作座谈会在河南省洛阳市召开		
主要内容：4月16日至18日，全国部分省（市）环境监测工作座谈会在河南省洛阳市召开。来自上海、江苏、浙江、安徽、山东五省（市）以及河南省环保系统共50余人参加了座谈。会议由河南省环保厅陈新贵副厅长主持，中国环境监测总站副站长（洛阳市人民政府副市长）李国刚致欢迎辞。环保部监测司副司长朱建平到会并从四个方面对开展 $PM_{2.5}$ 监测工作作了指示：一是抓好 $PM_{2.5}$ 监测和治理，这不仅是积极回应群众关切的体现，更是保护群众健康的迫切要求；二是要充分利用国家政策和资金支持，促进开展 $PM_{2.5}$ 监测工作，提升监测能力，助力环境保护；三是认真做好分析方法选取、仪器选型、人员培训、系统调试运行、监测数据分析；四是加强质量管理、监测信息发布，开展诚信监测。与会者就环境监测机构管理、$PM_{2.5}$ 监测工作的开展、调整和优化环境空气监测点位、监测数据的评价、监测信息的发布等工作进行了深入交流与研讨，达到了会议的预期目标。		
签发人：×××	核稿人：×××	撰稿人：×××
备注：		

4．报送

（1）报送渠道

当前，环境监测业务信息一般报送到当地环保行政管理部门和上一级环境监测单位。

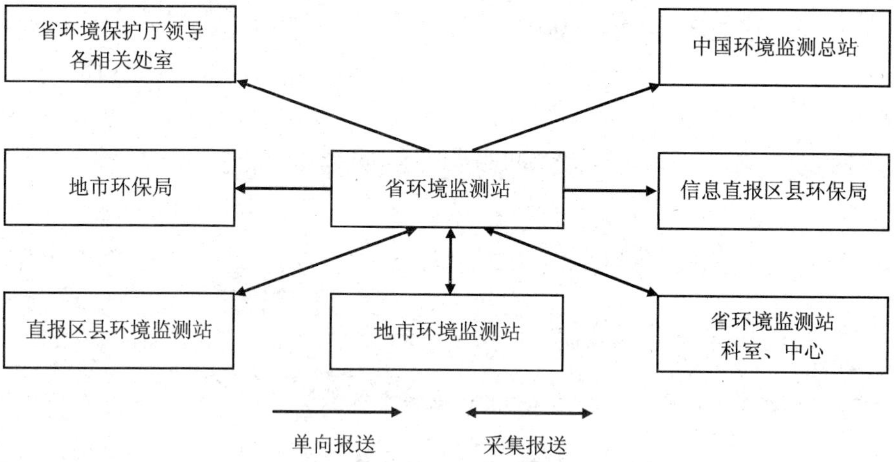

图 3 信息报送渠道

（2）报送要求

业务信息上报一般有格式、数量、时限、报送方式等要求。

① 格式要求：以规范的格式上报（如本章例 5）；

② 数量要求：要求各信息报送单位和信息直报点每月报送信息不少于多少条等数量方面的要求；

③ 时限要求：凡突发事件、污染事故，应在事件发生后 8 小时内报送有关情况，并及时续报事件进展和处理情况、原因及后果；同级政府及上级环保部门领导同志视察或检查环境监测工作，有关单位应在 2 天内报送有关情况；各级政府及主管部门交办的环境监测任务及专项调查工作应在任务完成后 2 天内报送有关情况；国家、地方布置的环境监测工作，在本单位研究布置后 3 天内报送有关情况，并随时续报工作进展及完成情况；“6・5”世界环境日等重要活动应在活动结束后 1 天内报送。其他重要信息应随时报送。

（3）报送方式

一般通过网络（网站信息报送终端、电子邮箱）或传真报送，涉密信息通过专用通道报送。

例 5：地方站向总站报送信息的方式

地方站向总站上报信息通过互联网登录“全国环境监测业务管理系统”来上报。“全国环境监测业务管理系统”是总站、全国 32 个省（市）和 113 个环保重点城市及其他地级城市业务信息共享的平台，此系统可实现业务信息上报、处理、发布。访问 http：//www.cnemc.cn，通过网站顶部登录框，输入用户名、密码可直接登录到业务系统。

各省监测部门向同级或上级环境保护部门上报信息方式不尽相同，大多数是通过邮箱上报。

二、环境监测业务信息的刊用原则与要求

环境监测业务信息在具体到涉密信息与非涉密信息方面，也有不同的刊用原则与要求。

1．涉密信息刊用原则与要求

在收集、传递、处理和刊用业务信息时务必注意到内外有别，增强保密意识。

环境监测业务信息由于报送内容及对象不同，其知悉范围是限定的，例如：突发性环境事故、敏感问题调研报告、未公开前的环境状况公报、未公开结果的重大专项调查信息，这些内容只能供相关部门和领导决策参考，不应对外公开。

（1）严格保密审批

信息管理人员在工作中应该加强保密意识，遇有涉密信息，要严格执行保密规定，履行审批手续。

涉密信息形成、制作、审批过程中的保密要求，主要包括：

一是收集材料，如果原材料是涉密信息的，应当指定人员或由自己具体负责管理，不得丢失和泄露。

二是涉密信息制作过程中所形成中间材料，如信息的草稿、废稿、审核稿等需要保存的，应当按密件保管，不需要保存的，要按照密件销毁的保密要求及时销毁，不能丢失和泄露。

三是涉密信息审查和审批，不但本单位的领导要审查，还要报上一级主管领导进行审批。

对公开的信息一般要填写信息公开保密审查单。

表 1　信息公开保密审查单

年　月　日

部门		送审人		联系方式	
信息名称					
信息公开属性及原因	拟公开属性：主动公开 □　依申请公开 □　不予公开 □ 不予公开理由（不予公开填写）：国家秘密□ 商业秘密□　个人隐私□ 危及国家安全□ 危及公共安全□ 危及国家经济安全□ 危及社会稳定□				
保密审查机构意见	（签字） 年　月　日				
主管领导意见	（签字） 年　月　日				

（2）控制知悉范围

涉密信息要遵循“工作需要”和“需要知道”的原则，按照规定的范围，限定在必须知悉该秘密事项的人员范围内。所以要严格控制涉密信息报送的人员、印发的份数，不得随意扩大范围，严禁将涉密信息文稿外出携带，如工作需要须经主管领导批准，做到文稿不离身，并采取安全措施。如某地突发性污染事故在有关部门未正式对外公布之前，有关此类事件的信息就属于涉密信息，在文稿处理过程中应严格保密，办完后也要及时清退，严防丢失。

对解密的信息公开时，也要填写信息公开解密审查单。

表 2　业务信息公开解密审查单

编号：　　　　年　月　日

部门		送审人		联系方式	
信息名称					
信息生成时确定保密的原因					
目前信息公开属性及原因	拟公开属性：主动公开□依申请公开□ 原因：				
保密审查机构意见	（签字） 年　月　日				
主管领导意见	（签字） 年　月　日				

（3）妥善储存保管

采用后的信息原件和领导签批件应妥善保管，并按照档案管理有关要求移交保管。同时要加强信息的保密工作，对有密级的信息，要按照国家有关规定，妥善报送、保管和处理。

（4）规范审批程序

业务信息保密审查和政府信息保密审查一样也有一定的程序。在业务信息形成之初就要提出本信息的属性，如是保密信息就按保密审查程序报批，先由本单位业务信息保密审查机构审查，再送单位主管领导审核。对不能确定是否属于公开的业务信息应上报上级主管部门或同级保密工作部门确定。涉及第三方权益的业务信息还要征求第三方的意见，具体审查程序流程见图 4。

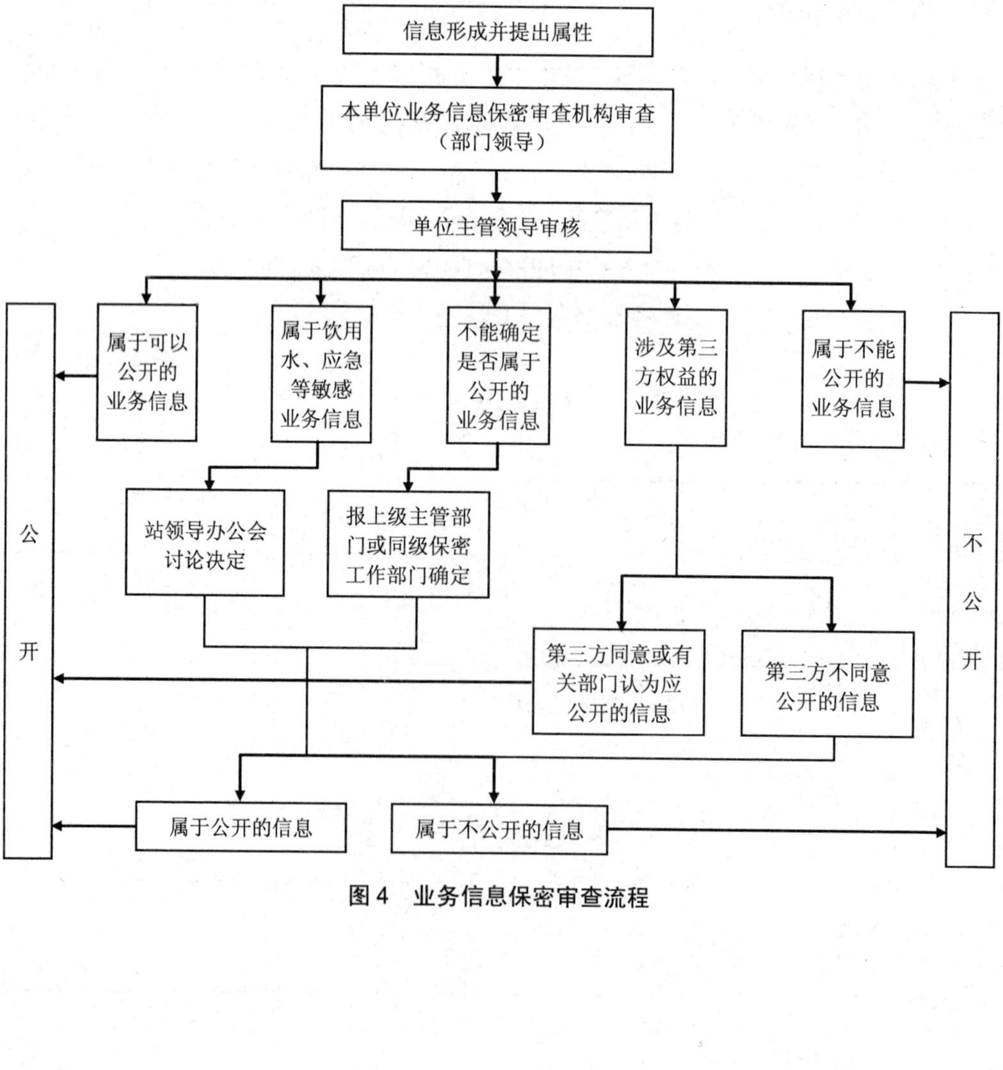

图 4　业务信息保密审查流程

例 6：对涉及第三方的业务信息，若公开，需向第三方征求意见，征求意见函如下：

征求意见函

（第三方人姓名或者名称）：

本单位拟在＿＿＿（公开形式）＿＿＿公开＿＿××＿＿的业务信息，其中＿＿（信息内容）＿＿涉及你（单位）权利。

依照《中华人民共和国政府信息公开条例》第十四条第四款："行政机关不得公开涉及国家秘密、商业秘密、个人隐私的政府信息。但是，经权利人同意公开或者行政机关认为不公开可能对公共利益造成重大影响的涉及商业秘密、个人隐私的政府信息，可以予以公开"之规定，现征求你（单位）意见。

收到此函后，请于 15 个工作日内予以答复。本单位 15 个工作日内未收到答复，将视作同意公开。

（单位印章）

年　月　日

联系人：　　　　联系电话：

传　真：　　　　电子邮箱：

地　址：　　　　邮　　编：

2．非涉密信息刊用原则与要求

日常工作中所接触到的大量业务信息多属工作动态方面的，在业务信息报送程序中通过有关领导的把关已经初筛掉一些涉密信息，层层上报过来的属于非涉密信息。对于大量的非涉密信息的刊用可以用六个字来概括：新、实、准、快、精、深。新，是指在时间上是最近发生的事情，要有新鲜感。实，是指信息内容要真实；事件发生的程度，在语言表达上必须实事求是，不能有虚构和夸大或缩小的情况发生。准，是指准确无误地收集、整理信息，不道听途说、不捕风捉影。快，是指生成信息快、传递信息快。紧急信息随时发生随时报送，确保信息的时效性。精，是指文字简练、文风朴实、开门见山，用最短的语言把事情说清楚。深，在内容上要有一定深度，力求通过一个具体的事情反映某种现象，透过这种现象反映事物的本质。

（1）及时审核

业务信息的刊用原则要突出一个“快”字。所谓“快”，指的是编审人员对信息处理反应快、行动快、效率高。对本地区、本部门发生的重要情况和重大、紧急环境事件，贯彻上级决策的重要进展以及上级需要了解的情况等，能及时收集刊用，保证信息的时效性。

例 7：×××站第一时间启动应急监测预案

2013 年 4 月 20日 8时 2分，某县发生 7.0 级强烈地震后，某监测站立即在第一时间（8:30）启动环境应急监测预案，全站各部门有关人员立即在站上集结，由站长带应急小组于 8:30 出发直接奔赴地震重灾区。某副站长所带应急组对市饮用水水源点及出境断面水质进行加密实时监测，每 1 小时监测一次。同时，通知各区县环保局、监测站立即启动应急监测，并采集辖区内有关饮用水水源地、地表水监测断面水样，及时送市环境监测站分析。水质自动站加大水源监测频率，每 10 分钟监测一次。信息室密切关注有关地区空气及地表水自动监测系统数据实时情况，每 2 小时向省厅及省监测总站报告监测结果。（摘自：中国环境监测总站网站）

信息点评：该信息是县站向市站，市站又报送到省站的信息，信息上报的目的是让上级领导、相关部门和公众及时了解地震后，环境监测部门采取的措施，让大家了解饮用水水源点和出境断面水质如何，为领导决策提供依据，满足公众的环境知情权。该信息选材真实可靠，上报、审核、公布及时，保证了信息的时效性。

（2）严格把关

业务信息的刊用原则要突出一个“严”字。所谓“严”，指的是对信息的严格审核，要求信息内容客观真实，准确无误。信息的生命力在于真实，信息的价值在于真实，信息对领导工作的参考作用还是在于真实。环境监测业务信息往往涉及环境监测数据，上下关注，必须准确真实。因此，实事求是既是信息工作必须遵循的基本原则，也是编写、报送信息的基本要求，必须强调摸实情、报实信，客观地反映事实真相，不能无中生有编造信息，以维护信息的严肃性。

例 8：苏州在全国地级市率先统一发布全市环境空气质量指数（AQI）

苏州地处长三角区域，是国家要求 2012 年必须实施环境空气质量新标准的重点城市之一。面对时间紧、任务重、要求高的压力，苏州市积极推进环境空气质量新标准的实施工作，经过精心策划、组织协调和扎实推进，按计划完成了仪器设备采购、安装调试、数据集成、信息发布等工作，顺利实现了“发布市区 3个国控点环境空气质量信息、发布市区 8个国控点环境空气质量指数（AQI）、率先统一发布全市环境空气质量指数（AQI）”的“三步走”目标，成为在全国地级市中率先统一发布了全市环境空气质量指数（AQI）的城市，走在全国、全省的前列。

2012 年 3 月，苏州市环保局向市政府上报了《关于苏州市区实施经国务院常务会议同意发布新修订的〈环境空气质量标准〉及开展霾天气预警工作的请示》，同时积极做好环境空气质量监测信息发布的相关准备工作。

3 月 27 日，苏州市政府召开了“苏州市区实施环境空气质量新标准及开展霾天气预报预警”新闻发布会，正式发布了苏州市区南门、彩香、轧钢厂 3 个国控点包括 $PM_{2.5}$等 6 项指标在内的环境空气质量信息。

4 月至 11 月，苏州大力开展了环境空气质量新指标监测点位扩展工作，完成了市区 8 个国控点监测设备采购、安装调试，同时加强了监测系统的运行管理和维护保障。在此基础上，根据《环境空气质量指数（AQI）技术规定（试行）》要求，完成了市区 8 个国控点环境空气质量指数（AQI）试算与上报工作，对环境空气质量信息发布系统进行升级。

11 月 16 日，正式发布了市区 8 个国控点的环境空气质量指数（AQI）和相关监测数据。

12 月 1 日，苏州 8 个国控点正式与省环保厅联网发布空气质量新标准试运行监测数据。

12 月 28 日，正式联网发布苏州全市 13 个监测点（8 个国控点、5 个省控点）的环境空气质量指数（AQI）和相关监测数据，成为全国地级市中率先实现了大市范围环境空气质量指数（AQI）和相关监测数据的联网发布。至此，苏州实施环境空气质量新标准“三步走”目标顺利实现，显著提高了环境监测公共服务水平，为公众合理安排生产生活及出行发挥了良好的指导和帮助作用。（摘自：江苏省环境监测中心网站）

信息点评：该信息主要表明苏州市在全国地级市中率先发布环境空气质量指数，在严格把关中主要核实该地方是否在全国地级市率先统一发布全市环境空气质量指数（AQI）。经与总站大气室联合审核后，证实情况属实。

（3）择优刊用

业务信息的刊用原则要突出一个“优”字。所谓“优”，就是信息稿件能否刊用，刊用的价值大小，首先取决于稿件内容的价值大小。在版面有限的情况下，还要好中选优，判断优秀信息从以下几方面考虑：

① 及时性。信息事件发生的时间与发稿时间越靠近，刊用信息价值越大。（如本章例 7）

② 创新性。信息文稿中所包含的有效信息量越大，刊用信息价值越大。（如本章例 9、例 10）

③ 重要性。刊用信息所指客体在社会上产生的影响力越大，刊用信息价值越大。（如本章例 1）

④ 显著性。信息稿件中涉及的人物、地点、事件等越著名，刊用信息价值越大。（如

本章例 3）

上述 4 条判定标准中，及时、新意和重要是必不可少的因素。

例 9：创新监测服务理念，应对经济下行压力

“环境问题是涉及经济、政治、社会、文化和科技等多层次多维度的世界问题复杂体，究其本质是发展道路、经济结构、增长方式和消费模式问题，反映的是人与自然、人与人、经济与环境等方方面面利益矛盾冲突的结果。”环境保护与经济社会发展已经深度地交织在一起，其优化经济增长的作用日益受到重视。

进入 2012 年以后，世界经济增长放缓，国内外经济形势愈加复杂。中央政府力推实施积极的财政政策和稳健的货币政策，虽说我国经济总体保持增长的态势，但经济发展依然面临较大的下行压力，存在很多不确定性。各地政府和环保部门也纷纷出台各项制度和服务措施，充分发挥环境保护优化经济增长方式的作用，不断优化企业发展环境。在这种形势下，环境保护竣工验收监测工作面临着如何不断创新监测服务理念、办实事、解难题、帮政府分忧、为企业解困的局面。

为推动新建项目的顺利生产，我市环境监测站在建设项目施工环境保护验收监测方面进行了积极的尝试、探索和总结：

一、充分提高各级领导对建设项目验收工作的重视程度

验收监测是验收工作的重要一环，必须认识到，只有整体验收工作处于科学、有序的状态，验收监测工作才能顺利实施。而整体验收工作的开展需要统一的认识、统一的指令、统一的协调，其能否科学、顺利实施与各级领导的重视程度密切相关。所以，在实际工作中，除了环保部门要始终如一地坚持将建设项目验收作为重点工作来抓之外，更要通过将建设项目验收工作纳入各县（市）区政府目标考核等有效方法，使建设项目验收工作与各级政府考核结果挂钩，提高各级政府部门、相关职能部门和企业对验收工作的重视，形成有效的合力，共同推进验收工作的顺利开展。

二、建立验收工作进展情况的定期调度和督导制度

近年来，由于经济发展速度较快，我市每年平均建设项目数量都在 100 项以上，涉及全市各县市区和多个行业，项目验收工作进展参差不齐，往往会形成年底扎堆委托，监测时间和效果均难以保证，建设项目环境管理将难以有效开展。为了解决好项目进度问题，根据市站的建议，我市环保局制定并实施了建设项目验收定期调度和督导制度，即定期召开由环境管理和监测部门参加的验收工作调度例会，通报近期项目验收工作中存在的问题，各部门间及时沟通并讨论形成有效的解决办法；另外，成立验收工作督导组，每两个月一次，分区域对各县市区进行验收工作目标督导，与各县市区一道，及时发现和解决验收工作中存在的问题，较好地促进了全市建设项目验收工作的有效开展，更好地为企业实施了监测服务。

三、实施建设项目验收监测进程的台账化管理

面对每年百余项验收监测工作，监测部门做好建设项目验收监测进程的台账化管理十分重要，即监测站主管站长要随时了解验收监测项目的进展情况，对每个项目的工作进程、存在问题等做到了如指掌，及时准确地统筹和把握验收监测工作的进展，并在与环境管理部门协调沟通时，及时准确地反馈工作进程及存在问题，做到有的放矢，促进建设项目验收工作的顺利开展。

四、建立各级、各部门的协同配合机制

实际工作中，根据验收监测项目性质不同，当遇到环境管理、监测技术、生产技术等方面的疑问时，地市级监测部门需要与省级环境管理和监测部门、县级环境管理和监测部门、本级环境管理部门以及监测企业加强沟通和协同配合，建立起沟通和协调的有效渠道，避免走弯路，使发现的问题能够得到及时有效解决。

五、加强验收及监测技术人员培训

验收监测涉及工况、产排污状况、环保设施状况、标准选用等多个方面，随着环境管理要求的不断提高，对监测人员的技术和能力要求也日益提高，没有一支高素质的监测队伍，就完成不了高水平的验收监测工作。为此，能否持续开展验收监测技术人员培训，不断提高监测水平和技术储备，就成为各级环境监测机构能否顺利开展验收监测工作的重要前提。我站在此方面主要是采取了三个措施，一是积极参加国家和省市举办的各类验收监测技术培训，并组织外出学习人员和技术骨干进行站内技术培训；二是邀请省市技术专家和环境管理人员举办验收监测技术讲座；三是积极开展以老带新、报告点评和站内技术交流。通过这些措施，基本达到了提高监测技术、增加技术储备，使监测技术水平与管理要求相适应的目的。

六、严格落实全程序质量控制措施

近年来，在严格执行各项监测质量保证要求，加强仪器周检、校准和使用的管理，加强平行样、空白样、加标样、质控样等控制措施运用的基础上，我站不断强化验收监测全程序质量控制措施，对敏感项目的验收监测，从监测方案制定、现场检查、布点监测、样品流转、实验室分析，直至最终监测结果和报告的形成均由质保人员和质量监督员进行全程质量监督，将一个个单独的控制点变为一条完整的控制链，提高了监测结果的科学性和可靠性。

以上就是我市在实际验收监测工作中的几个有益的经验和做法，得到了来自企业等方面积极的肯定。除此之外，工作中也还面临一些问题，如：经过前期的检查和沟通、反馈后，验收监测现场仍然会发现各类问题，从而影响监测进程；对验收监测的关键环节和重点、敏感点的把握上还需要进一步提高等。（摘自：河南省环境监测中心网站）

信息点评：该信息从验收监测工作入手，创新服务理念，应对经济下行压力。通过环境监测的一项工作，表述了监测工作对当前经济的服务作用。该信息内容新颖，信息量大，易被采用。

例 10：历时两个月，初步查明导致洛阳市城区空气中出现“怪味”的元凶

自 2011 年 11 月起，洛阳市许多市民拨打 12369 环保热线和在 BBS（网上公告牌系统）上发帖子反映，城区空气中会不定时出现怪味气体，以涧西区和西工区居多，且大多在夜晚出现，清晨散去，时浓时淡，严重影响正常工作和生活。洛阳市环境监测站接到相关信息后，立即启动突发环境污染事故应急监测预案。

弄清怪味的成分是追踪和确定污染源的前提，我站专门成立了“怪味应急监测小组”，每天 2 人值班，接到怪味举报后第一时间到达现场采集污染气体，共外出执行监测任务 20 人（次），但到达现场后怪味要么已变得很淡，要么已经消失，始终没有获取到高浓度的怪味气体样品。

我站及时调整工作思路，将采样设备交与投诉较多的市民，并会同监察支队、涧西环保分局、西工环保分局、洛龙环保分局、老城环保分局、瀍河环保分局，兵分 6 路，晚上在主城区和城乡结合部不间断巡逻和排查至 24：00，经过连续 5 天的大量摸排，结合市民投诉信息、现场便携式 GC/MS 监测和实验室苏码罐-GC/MS 分析结果，并参考洛阳石化工程公司、洛阳黎明化工研究院、河南科技大学环保专家意见，备受关注的导致空气中出现“怪味”的原因调查取得了新的进展。截至目前，已查明至少有四种原因导致城市空气中出现怪味。

一是市园林部门在市区设置有堆肥基地，经过发酵的肥料产生强烈的臭味。近期对市区很多道路绿化带和部分公园的牡丹进行施肥，施肥作业和肥料覆盖不严实，产生强烈恶臭。经我站监测此种臭味中含二乙基二硫、烷烃、苯乙烯、丙烯腈、脂类等成分。

二是供暖系统加臭。经初步排查有 6 家物业管理公司和热力供应商为防止用户盗用供暖热水，向供暖热水中添加臭味剂。经我站监测此臭味剂中含有大量乙硫醇、二乙基二硫和甲硫醚。这些单位的臭味剂包装物未按规定处理，也是重要的臭味源。

三是液化气、天然气、煤气加臭。考虑到用气安全，燃气供应商向液化气、天然气、煤气中添加四氢噻吩或乙硫醇等臭味剂，在添加过程中有恶臭气味散发，特别是使用后的包装桶随意处理，桶内残留有高纯度的臭味剂，极易扩散，导致空气中出现明显恶臭气味。

四是废弃淘汰的液化气钢瓶处置。我市自今年 10 月份开始淘汰部分型号的液化气钢瓶，这些钢瓶由 3 家公司负责处置报废工作。在处置过程中钢瓶内残液汽化后直接排入大气，导致部分区域出现类似液化气的刺激性气味。

下一步，我站将会同各单位听取群众的意见和心声，加强监测和排查，彻底消除怪味污染问题，还广大洛阳市民一个清新愉快的工作、生活和休息环境。（摘自：中国环境监测总站网站）

信息点评：该信息标题新颖，内容翔实，分析透彻，结构合理，让读者愿意了解信息内容，所以易被采纳。

（4）据实统计

环境监测业务信息统计时要突出一个“实”字，就是在统计各单位报送、刊用、得分等要素时要真实，客观反映各单位上报的信息量、刊用率、得分多少和排名情况，定期进行相关统计，并及时发布统计结果。

表3 ××年业务信息采用情况统计表

单位	信息×份/篇	简讯×份/篇	交流材料×份/篇	上级采用×份/篇	总计

三、环境监测业务信息编审的一般流程

为使信息稿件的处理更加规范，各级管理部门都制定有自己的编审流程。一般情况编审分收稿、初审、终审和定稿。

1．收稿

环境监测业务信息主要是为领导决策服务的，具有客观性、真实性、权威性等特点，为了确保信息的质量，要求信息必须来源于正规渠道。

一般来说，环境监测业务信息稿件的来源有两种，一种是现成的稿件；另一种是通过转化的稿件。

① 现成的稿件来源：基层上报、本单位各科室提供和信息直报点上报等。

② 通过转化的稿件来源：将典型经验、调研报告、科研报告、工作总结、领导讲话、会议纪要和重点工作等转化为信息；浏览公文、报刊、网络、收听收看广播电视节目等，从各类新闻报道中获得信息；约稿等。

2．初审

环境监测业务信息有它的特殊性，所以要根据政治标准与信息标准两兼顾的原则，对信息来稿进行规范性、时效性、重复性、保密性等方面的审核。一篇信息文稿刊用与否，从根本上说，政治标准就是要看它的站位是否对人民有利，是否符合当前的工作重心和政

策走向，信息标准就是要看它的信息价值是否有利于政府决策和指导工作，内容真实、观点鲜明、数据准确、行文简练是基本的要求。对于有一定信息价值，但尚需必修的稿件，可提出修改意见退回作者本人进行修改后再作审定。

例 11：郑州站成立环境统计室

根据环保新形势、新任务的要求，污染减排核查及总量核算任务的进一步加重，环境统计的任务和作用更加突出，成立环境统计机构的时机已经成熟。为此，郑州市环保局及时、多次向市政府领导汇报并争取支持，在局领导的极力争取下，郑州市编办于 2012 年 12 月下旬批复："同意郑州市环境保护监测中心站增设内设机构环境统计室，相应增加中层领导职数 1 名"。

1 月 28 日，我站环境统计室正式开展工作，这标志着全市环境统计工作步入正常轨道。

信息点评：信息员在收到稿件后，都要进行初步审核，一般初步审核首先要看此信息的时效性，看信息是否已过时；其次内容是否符合重点工作要求，结构是否合理，看信息是否有刊用价值；第三语言是否符合信息标准，看信息语言是否简单明了。该信息是想告诉大家该站成立了环境统计室，强调对环境统计工作的重视，但该信息语言累赘，直接告诉大家成立统计室就行了，此信息可以作为复审稿件留用。

例 12：AQI 指导您出行

AQI 即 Air Quality Index 空气质量指数。市民可以随时上网或者手机查询所在区域附近点位的 AQI 指数，当 AQI 指数在 101 以上时，建议敏感人群采取相应的防护措施。

空气质量指数	空气质量状况	表示颜色	对健康影响情况	建议采取的措施
0～50	优	绿	空气质量令人满意，基本无空气污染	各类人群可正常活动
51～100	良	黄	空气质量可接受，但某些污染物可能对极少数异常敏感人群健康有较弱影响	极少数异常敏感人群应减少户外活动
101～150	轻度污染	桔	易感人群症状有轻度加剧，健康人群出现刺激症状	儿童、老年人及心脏病、呼吸系统疾病患者应减少长时间、高强度的户外锻炼
151～200	中度污染	红	进一步加剧易感人群症状，可能对健康人群心脏、呼吸系统有影响	儿童、老年人及心脏病、呼吸系统疾病患者避免长时间、高强度的户外锻炼，一般人群适度减少户外运动

空气质量指数	空气质量状况	表示颜色	对健康影响情况	建议采取的措施
201～300	重度污染	紫	心脏病和肺病患者症状显著加剧，运动耐受力降低，健康人群普遍出现症状	儿童、老年人及心脏病、肺病患者应停留在室内，停止户外运动，一般人群减少户外运动
＞300	严重污染	深棕	健康人群运动耐受力降低，有明显强烈症状，提前出现某些疾病	儿童、老年人和病人应停留在室内，避免体力消耗，一般人群避免户外运动

信息点评：该信息是想告诉大家上网查询空气质量指数，了解天气污染情况，指导出行。但此信息既未交代市民上什么网，也没说明如何查，无法作为一条有用的信息，故未予采用。

3．终审

编辑对初审稿件或退改稿件进行复审，重点是对来稿进行准确性、保密性、借鉴性等方面的审核。审稿人要按照审稿要求认真负责逐字逐句进行审查，对稿件的价值性评价和刊用与否提出具体意见，以便做到用之有理，退之有据。

例 13：郑州站成立环境统计室

日前，郑州市编办批复"同意郑州市环境保护监测中心站增设内设机构环境统计室，相应增加中层领导职数 1 名"。1月 28日，郑州站环境统计室正式开展工作，标志着全市环境统计工作步入正常轨道。（摘自：河南省环境监测中心网站）

信息点评：该信息是作为复审稿件留用的，例 11 经修改，减去一些多余累赘的语句，直接告诉大家该站成立了环境统计室，并开展了工作就行，该信息可作为一条简讯刊用。

4．定稿

由信息管理部门的领导最终把关，结合初审、终审编辑的意见，从工作大局和实际需要出发，作出刊用或不刊用的决定，并选择刊用到具体哪种载体上。对于初审人和终审人意见不统一的稿件，信息管理部门的领导有最终决定权。

四、环境监测业务信息的主要刊用形式

环境监测业务信息载体一般是各级环境保护行政主管部门内部的政务、业务信息刊物或网络载体，有的还必须严格按密级来管理；环境监测机构上级业务主管部门也开辟有各

自的信息刊物。过去掌握和发布业务信息载体介质主要以纸质文字为主，也就是各级政府或业务主管部门的信息刊物。随着现代电子信息技术的应用，环境监测业务信息内容一般在各单位外、内网上发布或出版的信息刊物或以其他刊登形式公布。

1．网络载体

不少地方都开设有政务、业务信息网，汇集当地各部门上报公开发表的业务信息，当然也包括了环境监测业务信息。对于涉密信息，主要是通过领导内参的形式进行报送，由特定的领导阅示，并不在特定领导之外的人中传播。目前，地市级、省级环保部门，直到环境保护部都创建有各自的内网、外网，在普通互联网上都能轻松登录到外网，可以查阅到各地刊用发表的工作动态、专题报告之类，均属于我们所说的业务信息，而内网只有通过特定的 IP 地址和密码才能登录，这里所登录的信息大多有一定的涉密性，不宜对外公开发表。

例 14：网站刊用

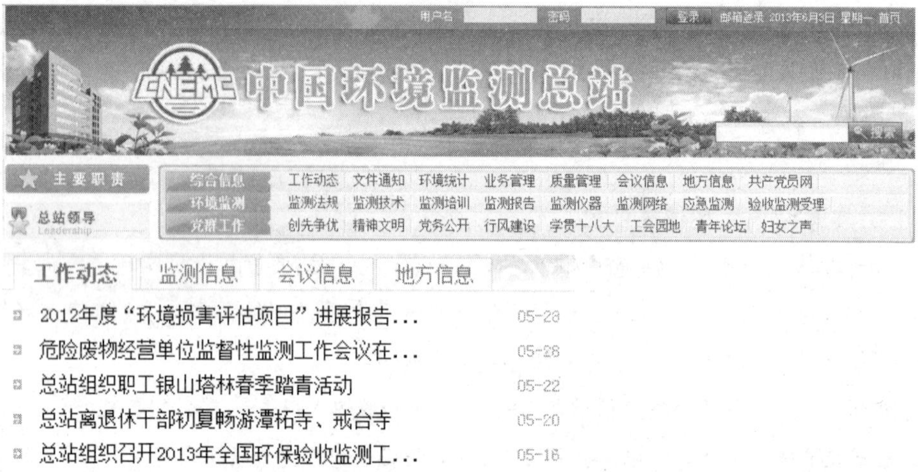

2．纸质载体

纸质载体是传统的信息刊用载体。习惯上是把网络上发布的业务信息定期编辑印制成纸质形式，同时也会对网络上的信息进行一定的再处理，按照体例、价值进行适当编排，这也是一个再加工的过程，刊物名称一般就叫“某省环境监测通讯”，或叫“某省环保工作信息”。一般来讲，每月出 1 期或 2 期纸质信息刊物，这主要取决于信息量的大小和实际需要。各地环保部门或环境监测业务部门遇到特别有价值的信息，也会不定期印制“信息专报”，这种专报更多的是收录涉密信息，主要是分送各级领导批阅。也有的会选择一些不宜公开刊用的信息，发表在政府部门编制的“内部参阅”文件上，以期对领导决策和思考起到一定的参考作用。

例 15：河南省环境监测中心开办的《河南环境监测通讯》

河南环境监测通讯

2013 年第 5 期（总第 121 期）

河南省环境监测中心　　　　二〇一三年五月三十日

内　容　提　要

一、省中心重要工作进展

● 中国环境监测总站对我省郑州市开展 $PM_{2.5}$ 现场比对核查

● 河南省大气灰霾污染专项工作全面启动

● 省监测中心顺利完成国控、省控重点源更新工作

● 省监测中心举办全省大气灰霾监测技术培训会议

● 2013 年河南省“POPs 履约能力建设项目”监测技术培训班圆满结束

● 省环境监测中心顺利完成对 312 国道槽罐车二氯乙烷泄漏事件河南段应急监测指导工作

二、地方监测动态

● 焦作市环境监测站加强流域水污染防治监测工作

● 济源市环境监测站采取有效措施确保出境断面水质达标

● 放眼全省环境质量变化趋势，加强信阳市空气预警监测工作

● 安阳市环境监测中心站积极开展农村环境质量试点监测工作

● 焦作市严格执行水环境生态补偿监测

● 济源市环境监测站扎实做好自动监测质量专项检查的准备工作

● 焦作市环境监测站“五个结合”提高环境监测技术人员素质

● 漯河市环境监测站以业务考核问题整改为契机促监测工作水平提高

● 平顶山市环境监测中心站积极对全省业务考核存在问题进行整改

● 济源市环境监测站起草的三项标准通过专家审查

● 夯实能力基础，提升技术水平，扎实推进信阳市域环境监测网络建设进程

● 鹤壁市环境监测站召开会议安排全站开展优质服务

● 荥阳市环境监测站扎实开展地下水安全检查监测工作

三、工作简讯

四、经验交流

● 排查污染因子，探究污染原因

——新乡市环境监测站全力探查“血河”污染事件

例 16：新疆维吾尔自治区环境监测总站开办了《新疆环境监测信息》

《新疆环境监测信息》开设了“工作动态”、“经验交流”、“环境质量状况”和“简讯”等栏目，定期将全疆各级环境监测站报送的信息进行分类刊发。

※近期动态※

中哈两国首次开展新疆霍尔果斯界河联合水质监测

根据中华人民共和国环境保护部《关于做好 2012 年中哈跨界河流水质联合监测工作的函》（环测便函[2012]81 号）及《中哈环保合作委员会跨界河流水质监测与分析评估工作组第一次会议纪要》安排，中国与哈萨克斯坦两国定于 2012 年 9 月 11 日对霍尔果斯界河中哈会晤桥断面水质进行联合监测，伊犁哈萨克自治州环境监测站按照自治区环保厅和伊犁州环保局的要求，承担了本次联合监测任务。

※简讯※

★2012 年乌鲁木齐市收获 292 个“蓝天”，比去年增加 16 天。2012 年全年乌鲁木齐市空气质量达标天数累计达 292 天，达标率 80%，比去年增加 16 天，成为自有环境空气质量监测记录历史以来“蓝天”数量最多的一年，与 2001 年相比，达标天数增加近一倍。

★环保部主要污染物总量减排核查组到乌苏市检查工作。2013 年 1 月 16 日，环保部污染物总量减排第二十四核查组，在自治区环保厅总量处处长温玉彪、塔城地区环保局……

※环境质量状况※

新疆多个城市出现沙尘污染天气

2012 年 11 月 1—4 日，受西伯利亚冷空气南下的影响，新疆多个城市和地区相继出现沙尘污染天气，且伴有不同程度的大风和降温。沙尘天气造成当地多趟航班延误或取消，给人们的出行带来不便，同时也严重影响了群众的生产和生活。根据新疆环境监测总站数据管理中心提供的沙尘天气影响自动监测结果显示……

例 17：简报、专报、快报

新疆环境监测总站
信 息 专 报

新疆环境监测总站办公室　　　　2012 年 12 月 12 日

以技术援疆为支撑　全力打造结对帮扶共建新平台

——新疆环境监测总站与上海市环境监测中心签订全方位合作框架协议

环境监测快报

新疆南疆出现今年首次区域性沙尘天气

新疆维吾尔自治区环境监测总站　第 02 期　2013 年 2 月 18 日

受冷空气南下的影响，2 月 17 日 11 时起，新疆出现今年首次区域性沙尘天气。

南疆 4 城市沙尘天气影响自动监测结果显示：

阿克苏市可吸入颗粒物最高浓度出现在 17 日 14 时，为 1.173 毫

例 18：辽宁省环境监测实验中心开办了《辽宁环境监测》

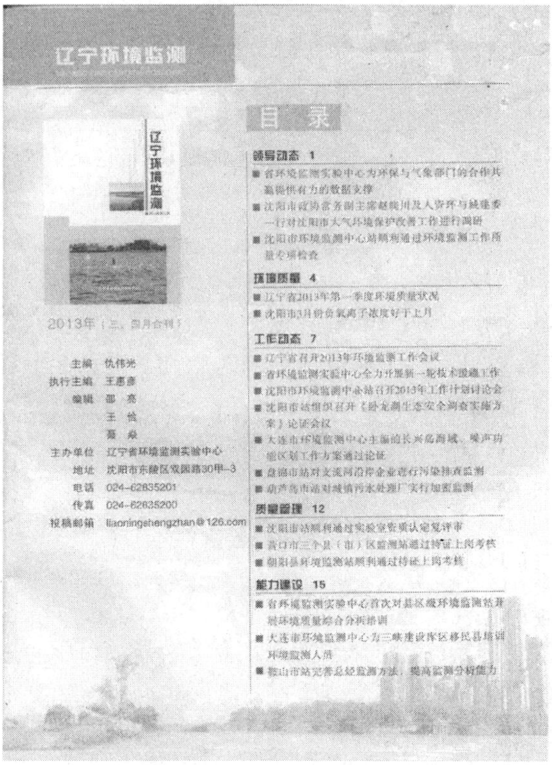
辽宁环境监测

2013年（三、四月合刊）

主编　仇伟光
执行主编　王惠彦
编辑　邵亮
王悦
聂焱
主办单位　辽宁省环境监测实验中心
地址　沈阳市东陵区泉园路30甲-3
电话　024-62835201
传真　024-62835200
投稿邮箱　liaoningshengzhan@126.com

目　录

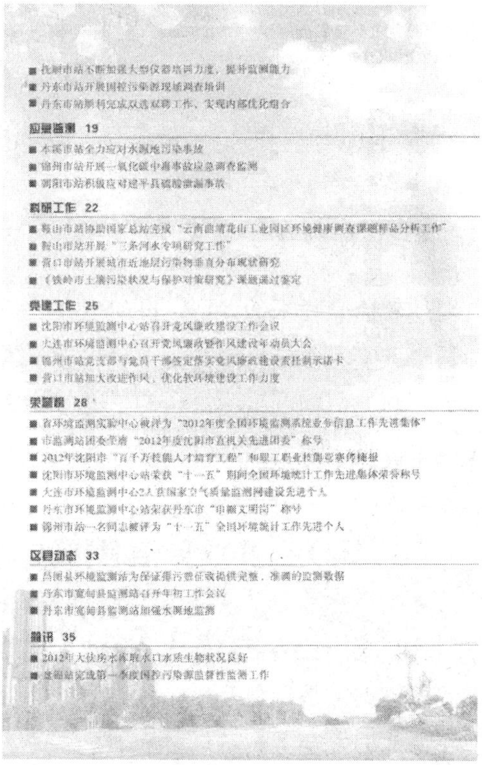

例 19：中国环境监测总站开办了“工作动态”

工作动态

2013 年第 3 期

（总第二十六期）

中国环境监测总站　　二〇一三年四月二十三日

内容提要

总站制定三项制度，出台十项举措，将改进工作作风、密切联系群众的要求落到实处

2012 年度环境监测仪器专业委员会年会在深圳顺利召开

2012 年第一季度，城市环境空气质量有所下降，其他要素环境质量保持平稳

四川省监测队伍合力守护雅安地震灾区环境安全

目　录

3．其他载体

随着信息技术的发展，目前也有的业务信息管理部门联合移动通信运营商，把优秀的业务信息发布在手机短信或手机报上，这样就突出体现了业务信息的时效性。也有的业务信息管理部门创办了“飞信”、“微博”等载体，新科技、新技术的应用，为业务信息的发表刊用提供了更广阔的空间。

五、环境监测业务信息报送小窍门

通过编发业务信息的途径反映环境监测站各项工作的开展情况，给领导提供科学有效的决策依据，是我们编发环境监测业务信息的重要任务。作为信息工作者我们应该思考如何更好地编发业务信息，更好地提高业务信息的刊用几率。

1. 把握受众需求

受众是社会信息传播接受者群体的总称。环境监测业务信息根据刊用载体的不同，其受众不尽相同。如有的是专门给领导和领导机关报送的，有的则是为了向公众公开。要提高刊用率，就要想方设法贴近和满足受众对信息的需求。如写给领导和领导机关看的，如果不了解中心工作，党委、政府的重要工作部署，就不能紧紧围绕领导和领导机关的需求收集、提供信息，写信息时也会离题万里。反映基层贯彻党和国家政府有关情况、反映基层群众呼声愿望和重大的社情民意的信息，如不注意了解基层的情况，写信息时就会“手中无粮，心里发慌”，或“失之毫厘，谬以千里”。总之，吃不透两头，就写不好信息，就会给工作带来被动。信息工作人员只有提高理论水平和政策水平及综合分析能力，同时注意利用各种机会和形式深入基层了解掌握情况，才能自如地应用收集到的信息素材，写出对领导决策有用的信息来。

总的看，要满足受众者的需求，要注意如下五点。

（1）标题要抢眼

标题是信息的眼睛，一条信息能不能吸引人，标题往往起着相当大的作用，“题好一半文”就是这个道理。制作信息标题首先要概括、提炼信息内容，然后进行精雕细琢、画龙点睛的加工。如“某市环境监测站第 7 次顺利通过省级计量认证评审”、“某市 11 月份环境空气质量优良达标率 100%”的标题要比“某市环境监测站顺利通过计量认证评审”和“某市环境空气质量优良达标率创出新高”要醒目得多，前者有说服力，而后者标题比较模糊。

（2）内容要突出

信息的核心是内容。信息撰稿人要始终把重点放在内容上。要通过加工使信息内容重点突出、层次清晰。2013 年春节前后一个相当长的时段内，领导对 $PM_{2.5}$ 监测比较关注，如“某省高标准做好 $PM_{2.5}$ 监测数据发布工作”、“某市正式发布 $PM_{2.5}$ 监测数据”等业务信息所选的内容就相当好，好就好在围绕领导近期关注什么、企盼什么来报送信息，让上级领导知道他们在干什么、怎么干、干的效果如何。

（3）文字要简练

业务信息的文字简练，阅读效率才高。不用空话、大话、套话，少用“因为……所以……”、“不但……而且……”、“虽然……但是……”之类的句式。套话如“在市政府的正确领导下和市环保局的具体指导下”，“局党组、省监测中心对这项工作非常重视”等都不应该出现在信息里。

（4）语言要生动

保持生活气息，使业务信息既生动又不失严肃，既深刻又让人感到真实。适当地运用一些群众语言、熟语，使文字更加洗练。如一些政策、措施不落实用“光打雷不下雨”、“棚架”；一些监测规范不落实是“聋子耳朵——摆设”，监测工作重要性用“基础不牢，地动山摇”等。

（5）形式要灵活

业务信息作为一种独特的文种，结构形式是灵活多样的。用什么样的结构，要依内容而定，即“看菜吃饭，量体裁衣”。一般的信息材料，要求有导语、有正文、有结尾，有些业务信息则有导语、正文而没有结尾。有的信息只有正文，没有导语和结尾；有的信息标题和正文连在一起。

2．把握刊用媒体

给报社写新闻稿和给上级写信息稿，登载媒体不同，其格式要求有所区别。对基层单位来说，灵活选用新闻报道中的事实提升为一篇信息也是常见的现象。新闻报道与业务信息撰写在形式、内容、标题上有所不同，新闻语言要求生动活泼，而业务信息语言要求准确、平实。新闻报道经常使用一些修辞手法，而业务信息则很少使用，更注重规范，避免任何歧义，在这方面它更近乎公文。新闻报道的篇幅长短不一，比如通讯注重细节，所以不能太短。而业务信息则是越短越好，只要能把问题说清楚就行。新闻消息稿件多数采用倒金字塔结构，前面先是导语，中间是主体，最后是结尾。与之相适应的，新闻稿件的标题非常讲求文学性，交代文章主旨的任务由导语部分来承担，而标题的作用则是吸引读者。业务信息则很少采用这种方式，一般情况下没有导语，直接在标题中揭示文章主旨，同时尽可能标出业务信息发生的地区、行业或领域，以便让领导一眼就可以看出这条信息写的是哪里发生的什么事。新闻报道的标题有时有主题、有副题，而业务信息基本上只有一个标题。只要根据业务信息编写特点对新闻报道进行适当删改，就可把新闻转换为信息。

下面两篇信息，同样是监测站升格的事情，在报纸上登出的新闻报道就与在环保部门网站上发的业务信息有很大的不同：

例 20：当地日报社登载的新闻标题

我市环境监测站正式升格了

“本报讯　昨日记者从市环保局获悉，市环境保护监测站已正式升格为市环境监测中心站，机构规格由正科级升为副处级，并于日前正式挂牌。据了解，该站是省内 18 个地级市环境监测站中第六个升格为副处级的国家二级站。

经市委市政府同意，我市环境保护监测站更名为市环境监测中心站，机构规格由正科级升为副处级。目前，该站有工作人员 79 人，本科以上学历人员 52 人（其中博士 1 人，硕士 8 人），教授级高工 1 名，高级工程师 10 名，工程师 22 名，且拥有先进仪器设备 300 多台（套），总价值超过 5 000 万元。

据介绍，该中心站的检测项目达 7 类 225 项，是全国少数几个具备地表水 109 项全分析能力的地级市环境监测站之一，也是省内地级市环境监测站中首个按照新的国家标准通过验收的国家二级站。

市环保局相关人士表示，市环境保护监测站升格后，将有助于更合理配置该中心站下设机构和人员，有利于加强环境监测部门与各分局、其他相关部门的协调沟通，更好承担全市环境质量常规监测、国省控重点污染源监督性监测以及环境突发事件应急监测等工作，更好地推进环境监测事业发展。”

信息点评：因是在报纸上刊登的新闻，因为受众的需求，所以要详细介绍该事情的前因后果，并介绍了监测部门的性质、作用和升格的原因等。这样读者才能了解该新闻的详细情况。

例 21：在环保部门网站上显示的标题

某市环境监测站升格为副县级事业单位

“5 月 10 日，经当地机构编制委员会正式批复撤销原市环境监测站，重新组建市环境监测中心站，成为市环保局下属核定收支、财政全供的副县级事业单位。单位编制核定为 79 名，其中领导职数 6 名（正职享受副县级待遇），内设办公室、业务技术室、质量控制室、环境监测室、综合信息室、东坡环境监测站等 6 个中层机构。”

信息点评：因环保系统内部对市环境监测站的人员结构、监测能力及发展前景相对较清晰，不是受众重点关注的内容，所以就略去了，用了不到 200 字就说明了问题。这两篇信息就是新闻报道和业务信息在不同的载体上不同的刊用形式。

3．熟悉编审要求

提高信息稿件的刊用率是每个信息工作者的追求目标，虽然业务信息稿结构简单，语句简明，但其刊用率往往不会太高，这主要是每个编辑每天所接触的上报稿件很多，而版面有限就只能好中选优了。所以，我们在编写业务信息稿时，要熟悉编审要求，应注意如下几点。

（1）及时沟通

作为环境监测业务信息工作者，应及时跟上级业务信息工作者保持密切联系，及时沟通。这样能及时了解上级需要什么样的业务信息，必将提高撰写、编辑信息的针对性和实效性，从而提高信息的刊用率。了解上级部门情况的方式很多，可以打电话、网上与上级信息工作者沟通联系，可以看上级的发文、领导讲话和会议精神，还可以看电视新闻、报刊杂志新闻等方式来了解。

（2）把握对象

作为环境监测业务信息工作者要了解业务信息流向，即熟悉信息上报程序和对象。针对不同上报对象，业务信息的语言结构、内容侧重点均不尽相同。所以上报对象的不同，上报的业务信息就有所区别。抓住各类信息的特点，积极上报，就会提高采用率。

（3）了解需求

信息工作者还需要深入实践、深入基层、深入一线，去发现、挖掘适应上级部门信息需求的工作动态、工作问题、工作经验，从日常的工作中发掘出“非日常”的创意或新意，也就是要找准本工作领域的热点、难点、敏感点等问题。作为信息工作者更要积极参与本单位职能部门的具体工作，了解职能部门的工作动态，就会发现符合上级部门需求的信息结合点，就会从不同的业务角度捕捉到有价值的信息。

第四章　环境质量类信息写作技法

环境质量类信息是指依托于环境监测活动中产生的数据，对环境质量变化、污染源排放现状和潜在环境风险进行说明、评定和预测的监测业务信息。按环境要素，主要可分为水、空气、土壤、固体废物、生物、噪声和振动、电磁辐射等环境质量类信息。按信息内容，主要可分为告知型、预测型、研究型和探寻型类信息。

一、环境质量类信息编写的重点内容

本章节按内容分类，将环境质量类信息主要可分为告知型、预测型、研究型和探寻型信息四类。

1. 环境质量结果告知

这类信息的目的在于告知环境质量现状，让政府决策部门和社会公众了解现实的环境状况，为采取科学有效措施进一步改善环境质量，以及指导生活、生产和出行提供依据。

告知型信息的主要写法是通过简要说明监测数据来源，监测的时段、地区、指标，所达到的环境质量标准等，指出某阶段某区域内单一要素或多要素环境质量现状。根据监测工作的性质、类型，告知型信息可分为例行监测结果告知、异常监测结果告知和专项监测结果告知三类。

（1）例行监测结果告知

例行监测结果，指对各环境要素进行定期的经常性的监测获得的数据。按不同分类标准，例行监测结果又可以分为一般性监测结果、周期性监测结果，或者单要素监测结果、综合性监测结果等。

① 单要素监测结果。指对构成整个环境的水、气、声、土壤、生物、海洋、噪声、振动、辐射等诸多要素中的一种要素进行监测所获得的数据。比如集中式饮用水水源地水质监测、太湖蓝藻监测、大气环境质量监测等。

例 1：2012 年，全国地级以上城市环境空气质量有所好转

2012 年，国家环境监测网对 325 个地级及以上城市 SO_2、NO_2 和 PM_{10} 三项污染物监测数据按照《环境空气质量标准》（GB 3095—1996）进行评价，结果表明：2012 年，全国地级以上城市环境空气质量有所好转。

地级以上城市空气中 SO_2、NO_2 和 PM_{10} 平均浓度分别为 0.032 mg/m^3、0.028 mg/m^3 和 0.076 mg/m^3，与 2011 年相比，分别下降 8.6%、3.4%和 2.6%。地级以上城市达标城市比例为 91.4%，同比提高 2.4 个百分点。地级以上城市平均优良天数比例为 94.4%，共出现空气污染 6 671 天次，其中轻微、轻度、中度、中度重和重污染分别占 84.0%、10.2%、1.3%、0.8%和 3.8%，首要污染物主要为 PM_{10}。（摘自：中国环境监测总站重要环境监测信息专报）

点评：该信息简要叙述全国地级以上城市空气质量的监测范围、监测项目、评价标准后，重点从主要污染物平均浓度、空气质量达标城市比例和平均优良天数比例三个层次介绍了 2012 年地级以上城市空气质量评价结果，并通过与 2011 年同期的对比，说明 2012 年城市空气质量总体有所好转。内容完整、叙述简洁，使读者可清楚地了解城市空气质量的总体情况。

例 2：8 月份江苏省太湖湖体水质保持稳定

2012 年 8 月，全湖继续处于轻度富营养状态，各主要监测指标中，氨氮达到Ⅰ类，高锰酸盐指数达到Ⅱ类，总磷处于Ⅳ类，总氮仍属于Ⅴ类。太湖流域国家考核的 9 个集中式饮用水水源地水质全部达标。太湖流域重点断面水质达标率为 72.3%。15 条主要入湖河流中，有 13 条河流水质达到或优于Ⅲ类，其余 2 条河流水质处于Ⅳ类，无劣Ⅴ类水质河流。与去年同期相比，有 5 条河流水质改善 1 个级别，1 条河流水质下降 1 个级别。与上月相比，有 5 条河流水质改善 1 个级别。8 月份（截至 30 日），卫星遥感影像共计监测到遥感水华现象 16 次，面积为 7～473 km^2，最大面积发生在 8 月 29 日太湖湖心区、梅梁湖、竺山湖、贡湖和西部、南部沿岸区。（摘自：江苏省环境保护厅网站）

点评：该信息全面阐述了 2012 年 8 月江苏太湖流域水质状况。开篇先用一句话总结全湖的水质状态，以及各主要监测指标的监测结果。然后分别讲述了集中式饮用水水源地、重点断面水质和入湖河流水质情况，并进行了同比和环比。最后讲述了当月太湖水华遥感监测结果，重点讲明了次数、面积范围、最大面积发生地等关键内容。该信息内容翔实，富有条理，既讲清了水质状况，又避免了大量监测数据的罗列。

② 综合性监测结果。指对水、气、声、土壤、生物、海洋、噪声、振动、辐射等 2 个以上（含 2 个）的环境要素进行监测分析所获得的数据。比如环境质量报告、生态监测报告等。

例 3：2012 年广西环境质量稳中有升

2012 年广西环境质量继续保持良好。14 个设区市均达到国家城市环境空气质量二级标准，达标率 100%，比 2011 年提高 7.1 个百分点；环境空气质量优良天数占全年天数的比例为 98.8%，与 2011 年持平。全区地表水整体水质优良，开展监测的 39 条主要河流水质达标率为 97.2%，比 2011 年提高 1.3 个百分点；11 个省界断面水质全部优于 Ⅲ 类水质标准，优良率达 100%；14 个设区市集中式饮用水水源地水质达标率 98.7%，与 2011 年持平。近岸海域水质基本保持稳定，一类海水比例为 68.2%，二类海水比例为 18.2%，三类海水比例为 4.5%。（摘自：中国环境监测总站网站）

点评：该信息标题鲜明，一语中的讲明了信息的核心内容。信息正文部分从城市空气、地表水、饮用水、近岸海域水质四个方面阐述了环境质量监测与评价结果，并通过与 2011 年同期数据的比对，体现出“稳中有升”，紧扣标题。

例 4：2010 年度淮安市生态环境状况良好

近日，淮安市环境监测中心站完成了 2010 年度淮安市生态环境状况评价报告。该报告通过使用 2010 年度陆地卫星遥感影像资料及淮安市地表植被覆盖和土地利用情况的解译数据，结合淮安市环境统计资料和 2010 年江苏省水资源公报，采用五个指标分析淮安市生物、植被、水网、土地以及环境污染五个方面的情况，对淮安市生态环境质量状况进行了总体评价。

与 2009 年相比，淮安市生物丰度指数上升了 1.5，各县生态用地无明显变化，生物丰度程度保持较好；植被覆盖指数上升了 1.89；水网密度指数上升了 3.22；土地退化指数没有变化，全市以平原地形为主，大部分地区水土流失程度较轻。

总体评价，淮安市各县市生态环境状况为良，植物覆盖度较高，生物多样性丰富，基本适合人类生存。与 2009 年相比，生态环境质量指数有所上升，表明淮安市生态市创建工作初见成效。（摘自：江苏省环境保护厅网站）

点评：生态环境是个很广义的概念，涵盖多种环境要素，因此这是一条综合类环境质量信息。该信息素材来源于 2010 年度淮安市生态环境状况评价报告，信息对报告内容进行大幅精简、浓缩提炼，形成一条业务信息。信息首先简要介绍了该评价报告的编写依据和整体内容构架；随后，从生物、植被、水网、土地四方面与上一年的环境质量进行相应对比；最后得出 2010 年度淮安市生态环境总体状况的结论。

（2）异常监测结果告知

异常监测结果，指某一类或几类环境要素在客观或主观因素下发生环境质量突变的监测数据。异常状况包括灰霾等重污染天气、突发环境污染事件、水质自动站监测数据异常等。

例 5：镇江水污染事件未对太仓市水源地水质造成影响

2012 年 2 月 3日，镇江市发生长江水污染事件。2 月 6日 凌晨，太仓市环保局在接到上级部门紧急通知后，立即启动应急预案，组织人员严密监控，并通知二水厂启用蓄淡避咸水库进行供水。太仓市环境监测站在第一时间赶赴饮用水水源地，在取水口 及其上、下游分别布点开始加密监测。在随后几天，太仓站克服雨雪天气、路程较远等不利因素，加大频次持续监测水质，共采集水样 36 批次，获得监测数据 327 个，并在第一时间将监测结果上报省环保厅、苏州市环保局和市政府。时至 2 月 11日 下午 14点，3 个监测断面水质中挥发酚浓度未发现异常，太仓市水源地水质符合相应标准；另据有关专家测算，水污染团已被稀释后过境流入东海，对太仓市水源地水质已基本没有影响。（摘自：江苏省环境保护厅网站）

点评：该信息讲述了水污染事件发生后，太仓站开展水质应急监测的情况。开篇先简要交代了应急监测的背景、缘由；随后讲述了太仓站开展应急监测的简要过程、获得的数据量和监测结果；最后对本次污染事故对太仓水源地水质的影响进行了预测。该信息如能增加应急监测的项目指标、上报多少份应急监测快报等内容，将更加完整。

例 6：陆源影响导致长江口邻近海域赤潮爆发频繁

对长江口及邻近海域 40 年赤潮记录、“十一五”期间海水水质和陆源污染物入海情况的汇总分析结果显示：1990 年代长江口及邻近海域赤潮进入高发期，爆发面积和频次有明显增加，且 2000 年之后有向长江口内区域发展的趋势；长江口及邻近海域水体富营养化严重，主要超标因子为无机氮和活性磷酸盐；“十一五”期间入海河流和直排海污染源水质有一定改善，但仍不能满足近岸海域环境功能区的要求；河流氮磷输入是导致富营养化的主要原因，且近 5 年长江入海口断面总氮、总磷浓度呈上升趋势。

以上问题的根本原因在于海陆环境管理缺乏统筹和衔接。河口区域环境问题有其独特性，而目前地表水水质标准和海水水质标准衔接性较差，入海河口水质标准处于空白，导致海陆环境管理脱节，影响了污染防治实施的效果。

建议国家加强河口环境监测能力建设，完善海陆衔接区域的水质标准和评价体系，推动国家河口监测计划；入海流域和沿海区域的水污染防治规划，需要考虑优化污水处理工艺和设施，保证达到完全脱氮脱磷的效果。（摘自：中国环境监测总站重要环境监测信息专报）

点评：本篇信息通过监测数据的整理分析，分析了长江口邻近海域赤潮爆发的异常变化及原因，并从陆海统筹管理角度提出了意见建议。信息结构完整，论述简洁，脉络清晰，发挥了环境监测工作发现问题、服务管理的作用。

（3）专项监测结果告知

专项监测结果，指为了解特定区域环境质量、实现特定目标而开展的监测活动获取的数据。专项监测包括竣工验收监测、重大活动期间环境质量保障工作、环境要素专项监测、环境执法监测、试点监测等。

例 7：无车日期间无锡市限行区域空气质量有所改善

根据无锡市“2012 年中国城市无车日”活动部署，9 月 22 日 7 时至 19 时无锡市对中山南路实行了机动车限行，并在中山路梁溪饭店路段设置了流动空气监测点，对环境空气中二氧化硫、二氧化氮、$PM_{2.5}$、非甲烷总烃浓度进行监测。通过对有车日（19 日）和无车日（22 日）监测结果分析来看：无车日实施机动车限行期间，机动车平均车流量下降了 43.1%，限行路段二氧化硫浓度下降 42.6%，二氧化氮浓度下降 25.6%，$PM_{2.5}$浓度下降 51.9%，非甲烷总烃浓度下降 32.9%，限行区域环境空气质量改善明显。虽然无车日当天下雨，对全市环境空气质量改善起到一定作用，但是机动车车辆的减少，对改善区域环境空气质量能起到明显的促进作用。（摘自：江苏省环境保护厅网站）

点评：该信息描写的是无车日期间无锡站开展的区域空气质量专项监测工作。该信息介绍了该专项工作的依据、监测范围、监测项目，阐述了监测结果，得出了机动车车辆减少对改善区域环境空气质量能起到明显作用的结论。信息简明扼要，条理清晰。

例 8：镇江开展农灌水专项监测工作

为应对农灌季节农灌污染信访，避免农灌污染事件的发生，镇江市环境监测中心站协同环境监察支队，于 2012 年 5 月底至 8 月，开展镇江市区农灌水专项监测工作。一是对市区几个主要农灌区河流水质开展周监测，监测的河流涉及高资地区的便民河、镇江新区的孩溪河和北山河，分别在便民河设置了 12 个监测点，在孩溪河和北山河设置 4 个监测点，监测项目为化学需氧量、氨氮、总磷、挥发酚、苯系物、氯苯、总有机碳和农药除草剂，监测结果及时上报管理部门。监测结果表明，便民河农灌水质达标率 100%；北山河农灌水质达标率 80.0%，总磷、化学需氧量超标；孩溪河农灌水质达标率 63.6%，总磷、化学需氧量超标；三条河流苯系物、氯苯均未检出。二是配合监察支队开展农灌水信访监测，其中对丹阳埤城团结河开展了多次加密监测，及时提供监测数据，为保障全市农灌水安全提供了支持。通过多方面努力，今年镇江的农灌水污染信访量和影响范围都大幅降低。（摘自：江苏省环境保护厅网站）

点评：信息开篇简要交代了开展弄灌水专项监测工作的目的意义，下文分两部分介绍了对市区主要农灌区河流水质监测和农灌水信访监测的开展情况。其中，重点讲述了第一项农灌区河流水质周监测的开展过程，包括监测范围、点位数量、监测项目以及监测结果。

2．环境变化趋势预测

当前，随着环境监测技术的不断发展，环境监测手段越来越自动化、网络化、智能化、信息化。如水质自动监测、空气自动监测、卫星遥感监测等，提高了监测信息的实时性，实现了大范围、跨时空的连续监测。依托自动监测数据和遥感监测数据，开展数据变化规律研究，提出应对措施和建议，更好地为环境管理服务。

（1）环境质量变化趋势预测

利用水质、大气自动监测系统，获取连续的环境监测数据，开展数据统计分析和评价，编制环境质量监测信息。信息尽可能简洁明了、标题鲜明、观点正确、让读者一目了然。

环境质量变化趋势预测类信息编制时要简明扼要，简单描述事情的现状，着重说明事件发生的地点，主要污染物名称或造成影响、污染物浓度范围，对人体和周边环境影响程度，下一步将开展的工作，采取的措施等，准确有效地上报各类环境质量变化信息，为管理决策参考。

例 9：太湖西北部沿岸区发现蓝藻聚集，未来 3 天内藻情将会持续加重

7月 2日，卫星遥感影像显示，竺山湖和西部沿岸区发现蓝藻聚集现象，面积约 22 km^2。湖体自动站监测结果显示，各监测点藻类密度未见异常，藻类密度范围在 106 万～1 117 万个/L。饮用水水源地藻类密度范围在 81 万～286 万个/L。太湖今日西南风 4 级左右，最高气温 37℃左右。太湖平均水位 3.41 m。

未来三天多云，持续高温，有利于蓝藻快速生长。太湖西部沿岸蓝藻颗粒会继续增多，低风速条件下，梅梁湾的西部、北部水域会出现水华，贡湖湾锡东取水口会出现轻度水华，太湖西部沿岸大浦以北至竺山湾水华情况会加重，建议加大该水域蓝藻的打捞力度，同时应重点关注高渎港北沿岸的异味水体。（摘自：江苏省环境保护厅网站）

点评：本例以遥感监测为手段，监测太湖蓝藻发生面积，分布区域现状；各水源地藻类密度依据湖体水质自动站实时监测数据，发布浓度范围。综合气象、水温和当前获取的监测数据，预测未来 3 天可能发生藻情的区域和水质异常情况，提出针对性的建议，改善水质状况。

例 10：持续大雾天气导致我国中东部地区、北方部分地区空气污染明显加重

2013 年伊始，我国中东部各地陆续出现大范围和长时间雾霾天气，受不利天气形势影响，我国华北、华中、华东、成渝等地部分城市连续出现空气停滞与污染积累，空气质量受到严重的影响。新年截至今日的两周期间，我国第一批 74 个率先实现空气质量新标准监测和信息发布的城市中，京津冀区域城市的 80 个国家网监测点位中半数以上出现空气质量连续超标现象，长三角区域城市的 129 个国家网监测点位约有三分之一出现空气质量连续超标现象，其他直辖市及省会城市的监测点位也有不同程度空气质量超标。其中，近一周内受不间断雾霾过程困扰的华北、中原和华东部分城市影响最为严重，北京、天津、石家庄等城市由于低空近地面的空气污染物久积不散，主城区点位连续出现空气质量重度污染和严重污染。颗粒物（$PM_{2.5}$和PM_{10}）为本周连续雾霾过程影响空气质量最显著的主要污染物，以严重影响环境健康和环境能见度的污染物$PM_{2.5}$为例，上述城市部分点位的小时最大值达到900 μg/m^{3}水平，超过空气质量日均值标准（75 μg/m^3）的十倍以上，并超过AQI日报严重污染等级（500 μg/m^3）的约一倍。SO_2和NO_2等也达到轻度以上污染水平。

大范围雾霾天气主要出现在冷空气较弱和水汽条件较好的大尺度大气环流形势下，近地面低空为静风或微风。受近地面静稳天气控制，空气在水平和垂直方向流动性均非常小，大气扩散条件非常差。受其控制，城市无论规模大小，其局地交通、生活、生产所需的能源消耗的污染物排放均在低空不断积累。与此同时，由于雾霾天气的湿度较高，水汽较大，雾滴提供了吸附和反应场所加速反应性气态污染物向液态颗粒物成分的转化，同时颗粒物也容易作为凝结核加速雾霾的生成，两者相互作用，能够迅速推进污染形成。如果在冬季遇到长时间的雾霾过程，在现行空气质量新标准和AQI标准下，通常在北方地区因为采暖期猛增的能源消耗排放，中等以上城市人口集中排放量大的主城区连续三天的空气污染物积累就可能达到重度污染的程度，在南方地区如果生产和交通排放量大也可能达到重度污染的程度。

根据中央气象台预报，中东部地区雾霾天气还可能持续到本月15—16日。因此预计未来三天，由于不利的大气扩散条件，中东部地区部分城市的空气污染形势还将维持。到本月17—18日，预计有新的强劲冷空气南下，上述地区的城市空气质量将得到明显改善。（摘自：中国环境监测总站重要环境监测信息专报）

点评：此篇信息开篇即交代了空气质量出现恶化的时间、范围，主要污染因子及超标情况，简洁明了。随后结合天气条件、城市规模、能源消耗等因素阐述城市空气污染产生的原因，并作出趋势预测。信息内容全面、重点突出、层次分明、论述清晰，是一篇优秀的环境质量类信息。

（2）突发环境污染事件发展趋势预测

突发环境污染事件在编写监测信息时，要在信息的主体部分把事实叙述得清楚明白，并保证准确无误。对关键的事实或有疑问的地方，要重新核对事实，不得发生错误，每一细节、数字、地点、时间等都应该核定，不能模棱两可，含含糊糊。

在结构顺序上一般分为三种：一是时间顺序。时间顺序，是指按事物的自然发展、时间先后来安排结构的一种顺序。这种写法的好处一般来说是层次清楚，使人对事情的全过程有一个完整的印象。二是逻辑顺序。逻辑顺序，是指按事物的内在联系，问题发展逻辑来安排结构。这种写法的好处有助于反映事物的内在规律，揭示事物的本质意义。三是时间顺序和逻辑顺序相结合。在编写信息稿的实践中，对一些信息特别是综合性信息，很难说它是单一的顺序，通常是把时间顺序和逻辑顺序紧密地交在一起来编写的。内容上一般包含以下几个方面：

① 事件发生的基本情况；

② 事件发生的时间、地点、现场环境、水文气象等情况；

③ 事件应急处置和救援情况；

④ 事件对周边环境质量的影响，包括大气、水环境等，提供监测数据；

⑤ 事件造成的社会影响和经济损失；

⑥ 责任方执行国家有关环境保护规定、加强环境应急管理、日常环境风险防范等情况；

⑦ 涉及人员伤亡、疏散的突发环境事件，事故调查组还应查明因环境污染导致死亡、中毒、疏散、转移的人数；

⑧ 认为应当查明的其他情况。

例 11：望虞河一桥上发生交通事故致使装载的煤焦油泄漏

2011年8月16日上午9时许，望虞河一桥上发生交通事故，一辆运输煤焦油的槽罐车失控侧翻，致使装载的部分煤焦油泄漏流入望虞河，进而有可能威胁到下游无锡市锡东饮用水水源地的水质安全。

江苏省环境监测中心接报后迅速启动应急监测响应程序，相关应急监测人员于上午 9 点 30 分抵达现场，经过初步调查了解，情况如下：

1. 事故发生地位于望虞河 312 国道沙墩港桥（北纬 31.4507°，东经 120.4174°）；事故车辆为载重 20 t 的槽罐车，据估计有近 1.5 t 的煤焦油流入望虞河。

2. 事故现场已基本得到控制，槽罐车泄漏点已被封堵，事故暂未造成人员伤亡。

3. 事发地下游约 500 m 处河水呈暗黑色，有特殊臭味。

4. 事发地下游约 6 km 处为无锡市锡东饮用水水源地取水口。

此外，根据现场快速监测结果显示，事发地风速 0.6 m/s，风向西南，望虞河水流方向自西向东，流速约为 0.39 m/s，河宽约为 86 m，水深约为 3.5 m，水体 pH 为 7.56，溶解氧为 8.30 mg/L。经省环科院专家通过模型计算，望虞河流量约为 89.7 m^3/s，污染物前锋预计 2 小时（上午 11 点左右）抵达水源地取水口。

目前现场人员正在编制应急监测方案，同时开展事发现场、饮用水水源地等监测断面的初次采样工作，待完成样品分析测试后，将陆续上报最新监测结果。（摘自：江苏省环境保护厅网站）

点评：本例是一起由交通事故引发的环境污染事件，这类事件比较多，一般以污染事故应急监测快报形式向管理部门上报信息，报告内容一般篇幅长，内容翔实。而监测业务信息内容相对简短，事件描述清楚，便于管理部门及时掌握事件进展的动态和污染影响状况。本例第一段简明交代了事件发生的时间、地点，事件的过程，可能产生的环境影响。环境监测部门采取应急措施，对事故发生地周边开展应急监测，通过模拟测算预测污染带迁移的路径，到达水源地等敏感目标的时间，为

处理处置提供决策。同时简明交代了下一步将开展的工作。总体上看，案例内容简短，数据信息准确，预测有效，为环境管理提供技术支撑。

例 12：2009 年成都市生态环境质量恢复到震前水平

根据成都市环境监测中心站生态环境质量评价结果，2009 年成都市生态环境质量指数为 68.2，生态环境质量分级为“良”。与 2008 年比较，生态环境质量指数上升 5.4%，生态质量趋好。与地震前 2007 年比较，生态环境质量指数上升 2.1%。其中，环境质量指数比 2008 年增加 43.1%，这与成都市大力加强环保基础设施建设，扎实开展污染治理与节能减排工作密不可分。

都江堰、彭州、崇州和大邑等 4 个地震灾区的生物丰度指数和植被覆盖指数均有不同程度上升，彭州尤为明显。灾后重建所采取的一系列植被恢复和生态修复措施效果初显。（摘自：中国环境监测总站网站）

点评：本例是由突发自然灾害引起的环境质量变化的例子，不同于污染事故应急监测。通过对某一地区生态植被变化情况，分析地震前后带来的环境损害。成都市受汶川地震影响，生态环境质量产生影响，成都市环境监测中心通过例行监测，分析对比了地震前后生态环境质量变化情况，分析了生态环境改善的原因，内容清晰、简洁。

3．环境质量变化原因分析

环境监测不仅要说清环境质量现状，更要对某时段中区域环境质量的变化情况归纳总结，并分析原因。编报此类信息有利于使决策部门和社会公众了解环境质量变化的实际原因，避免公众误解，采取有效措施改变不良因素。

影响环境质量变化的原因通常有：环境监测科学技术新成果的应用、环境监测新方法新标准的应用及其他关联的综合因素。

（1）监测新标准、新方法对环境质量评价结果的影响

有些新标准收严或放宽了评价限值，有些新方法也会带来监测数据的变化。当新的环境质量评价标准、指标体系、监测技术方法、标准方法等开始执行后，产生的环境监测数据、环境质量结果会受到这些因素不同程度的影响。此类业务信息的写作时应注意：新老标准、方法的特点与对比，对环境监测数据或者对环境质量评价结果的影响。

例 13：按新标准评价，全国地级以上城市空气质量达标率下降五成

2012 年，按照《环境空气质量标准》（GB 3095—1996）对二氧化硫、二氧化氮、可吸入颗粒物三项指标进行评价，结果表明：325 个地级城市中 297 个城市空气质量达标，占全部城

市的 91.4%，其中 11 个城市空气质量一级，占 3.4%，286 个城市空气质量二级，占 88.0%。28 个城市空气质量未达标，占 8.6%。

如按照《环境空气质量标准》（GB 3095—2012）对上述三项指标进行评价，仅 133 个城市环境空气质量达标，占 40.9%，达标城市比例比按旧标准评价下降 50.5 个百分点。192 个城市空气质量未达标，占 59.1%。按三项污染物统计，二氧化硫平均浓度超标城市 4 个，占 1.2%；二氧化氮平均浓度超标城市 43 个，占 13.2%；可吸入颗粒物平均浓度超标城市 186 个，占 57.2%。（摘自：中国环境监测总站网站）

点评：此例标题鲜明，观点明确。从信息标题的内容看，不穿靴戴帽，不拐弯抹角，把重要的事实直截了当地表达出来，说明空气质量变化情况。正文部分指出了空气质量变化情况和影响因素。按照新旧标准，对获取的特定区域、特定时段的监测数据分析对比，得出结论。

（2）监测科研新成果对环境质量认识的深化

随着环境监测科研的不断深入，我们将能获得更精确的环境监测数据，探寻出更广泛的环境影响规律，这些都会使我们对区域环境质量情况有新发现和新认识。环境监测科研通常涵盖环境质量综合评价、污染源监测、总量核算、应急监测、技术路线、标准方法、技术规范体系、环境监测基础理论、监测技术方法、评价方法、指标体系、表征技术等方面的研究。

例 14：VOCs 强化观测与来源分析研究显示南京市挥发性有机物浓度水平总体较高

江苏省环境监测中心牵头开展的南京市 VOCs 强化观测与来源分析研究课题，通过建立一套定性/定量分析大气中挥发性有机物、臭氧前驱物等监测分析方法及质量控制/质量保证体系，开展南京市上空臭氧前驱体等挥发性有机物的环境质量现状研究，探索南京市主城区 VOCs 污染来源。研究结果显示：

南京市 VOCs 浓度水平总体较高，且夏季浓度略高于冬季。臭氧前驱物浓度变化较大，总体上夏季浓度略高于冬季，且交通点和工业区点高于其他功能区，各个监测点位主要污染物有所不同。奥体、中山陵、中山路、江北 4 个点位甲苯反应活性最大，仙林和高淳点位冬季甲苯、夏季 1,3-二乙基苯、新港开发区点位是乙烯反应活性最大。从贡献能力看，夏季交通点与工业区臭氧前驱物对臭氧的生成贡献能力高，冬季文教区与旅游区略高，各功能区间差距不大。VOCs 浓度日变化不同。交通点傍晚浓度最高，工业区早晨浓度最高，这与早晨和傍晚大气对流弱，不利于污染物扩散有关。

隧道 VOCs 排放量较大，107 种目标化合物 47 种显著升高，且 83%的物质含碳数集中在 C_4 至 C_8 之间，汽油车尾气排放及轻质燃料油（汽油）挥发显著作用。

整体而言，南京市 VOCs 来源构成中汽车尾气占 37%，工业占 29%，燃料使用和溶剂使用占 18%，汽油挥发占 16%。交通点以机动车排放和内燃机燃烧为主要来源，燃油挥发与溶剂使用占较大比重。工业区以工业固定源排放为主，有机溶剂使用、液化气天然气也占一定比重。（摘自：中国环境监测总站网站）

点评：这篇信息介绍了南京市 VOCs 强化观测与来源分析研究的监测方法和质保体系，确保了此项研究数据的可信度，并分层次提炼了课题的主要研究结果。该项研究填补了国内的空白，获得的结果对本市及其他同类城市的空气监测研究、城市规划、市民健康防护等有着重要意义。

（3）其他综合因素对环境质量变化的影响

通常区域环境质量变化趋势受综合因素影响，分析原因时应联系全盘，说清说透。在说清某时段内区域环境质量好转、恶化或持平情况的基础上，分析导致此现象的综合因素，一般包括政策措施、产业结构、治污监管、突发事件、人为因素及气象条件等方面。

例 15：二季度以来降水极少造成近期太湖 3 个断面水质波动

5月 5日起，太湖西岸宜兴入湖的社渎港、茭渎港、沙塘港断面的氨氮浓度出现异常波动情况，其中社渎港最高值达 5.18 mg/L（5日 20时），茭渎港最高值达 4.11 mg/L（5日 20时），沙塘港最高值达 5.06 mg/L（7日 4时）；截至 7日 12时数据显示社渎港、茭渎港、沙塘港断面氨氮平均浓度分别为 1.63 mg/L、3.54 mg/L、1.65 mg/L。

经过现场调查得知，由于今年二季度以来降水极少，太湖西岸地区蓝藻出现大面积爆发，导致水质急剧恶化。同时，由于上游缺少来水补充，河流水位降低，上述入湖河流均出现倒流现象，蓝藻进入河道并堆积在河流入湖口附近并大量死亡，导致水质恶化出现波动。

督查人员现场要求宜兴市及时对蓝藻进行打捞，并采取筑坝等措施防止蓝藻倒灌，避免水质在此出现波动。上述断面在宜兴市环保局迅速组织力量筑坝拦截蓝藻后，已于 5月 7日恢复正常。（摘自：江苏省环境保护厅网站）

点评：这篇信息根据太湖水质监测预警系统平台监控到的 3 个断面水质异常波动情况，写明了经现场调查的波动原因，并通过迅速处置后排除了水质异常情况。该信息情况表述清楚，原因分析客观准确，并完整地记录了事件处理结果，不失为一篇优秀的业务信息。

例 16：近年来太湖水质明显改善，治太工作取得阶段性成效

连续五年来，太湖实现了国务院提出的“确保饮用水安全、确保不发生大面积湖泛”目标。水质状况具体体现为“四个改善”：一是湖体富营养化程度明显改善。综合营养状态指数从 2007 年的 62.3 下降到 2012 年的 56.5，富营养状态由中度好转为轻度；二是湖体水质明显改善，高锰酸盐、氨氮、总磷、总氮 4 项主要污染物浓度较 2007 年分别下降 17.8%、75.8%、37.6%、22.4%；三是主要入湖河流水质明显改善，15 条主要入湖河流基本消除劣Ⅴ类，劣Ⅴ类河流数较 2007 年减少 9 条；四是蓝藻暴发情况明显改善，蓝藻最大聚集面积从 2007 年的 1 050 km^2 波动下降至 2012 年的 612 km^2，平均聚集面积由 224.3 km^2 下降至 75.9 km^2，湖体藻类密度从 1 009 万个/L 下降到 741 万个/L。

近年来，江苏省委、省政府高度重视，始终将太湖治理作为江苏生态文明建设的标志性工程来抓，取得了阶段性成效。分析影响水质的主要因素有以下几个方面：

（一）切实加强组织领导。一是省委、省政府高度重视。二是调整充实省太湖水污染防治委员会。三是进一步细化了治污责任。四是省政府成立了省防控太湖蓝藻应急处置工作领导小组，形成了良好的突发事件应对机制。五是成立了省太湖水污染防治和蓝藻治理专家委员会。

（二）逐步完善政策制度。一是修订《江苏省太湖水污染防治条例》，规定了严格的环境管理制度、严密的环境监控体系、严厉的环境处罚措施。二是出台严于国家标准的《太湖地区城镇污水处理厂及重点工业行业主要水污染物排放限值》等地方标准，倒逼推进产业结构调整和企业减排。三是制定《防控太湖蓝藻暴发确保安全度夏实施方案》、《江苏省太湖蓝藻暴发应急预案》。

（三）着力抓好蓝藻应急治理。每年 4 月 1 日，省政府全面启动安全度夏应急防控工作。一是建立了完善的监控预警技术装备体系。二是建立全面覆盖、高效响应的监测预警工作体系。三是形成较为完善的水质异常快速调查处置机制。四是全面开展蓝藻打捞和调水引流工作。五是加强供水能力保障。

（四）认真抓好控源截污。一是工业点源治理高标准。二是农业面源治理多手段。三是城镇和农村治污设施建设全覆盖。四是环境执法监管保持高压。

（五）深入推进长效治理。一是积极推进小流域治理。二是着力开展生态修复。三是大力实施湖体清淤。四是加快推进重点工程项目建设。

（六）扎实推进体制机制创新。一在机构建设方面，成立省太湖水污染防治办公室，对太湖治理统一履行“组织实施、综合监管”职能。二在资金投入方面，近五年累计投入资金超过 700 亿元，其中省财政每年安排 20 亿元作为专项引导资金，目前已累计下达六期资金。流域各市县分别设立财政专户，将新增财力 10%～20%用于太湖治理。三在政策创新方面，在全流域实施环境资源区域补偿机制，推进排污权有偿使用和交易试点，积极推进绿色信贷政策，参加环境污染责任保险试点的企业 1 054 家。（摘自：江苏省环境保护厅网站）

点评：太湖是我国重要淡水湖之一，2007 年爆发的太湖水污染事件造成了太湖流域人民的饮水危机，自此，江苏省政府下大气力整治太湖流域环境，五年来取得了明显成效。这篇信息的标题就简明扼要地说清了近年来太湖水质明显改善的趋势和原因。文中通过翔实的数据写明了太湖水质改善的具体情况，并深度分析了近年来治太工作的各项有力措施。这篇信息是此类环境质量变化综合因素分析的优秀范文。

4. 环境演变规律探寻

规律是事物之间内在的必然联系，是藏于现象背后并决定或支配现象的方面，它决定着事物发展的必然趋向。人们在实践中认识或发现客观规律后，可应用客观规律来改造自然，改造社会，为社会谋福利。因此探索和发现规律显得尤为重要。

近年来，环境保护领域逐步加强对环境规律的探索发现，取得了许多可喜的成绩，如长时间序列的环境质量趋势分析等，都是通过五年、十年为一个时间序列，或以卫星遥感、自动监测网络为手段，对不同时空环境质量变化情况开展调查、研究，利用计算机和仿真模型，说清环境质量现状，分析污染变化规律，研究潜在的危害，制定应对措施，为污染防治、环境治理和管理决策提供科学依据。

（1）长时间序列的环境质量变化规律

通过长时间对环境质量的观测和对监测数据的总结分析，通常能探寻到环境质量演变的主要规律。针对这一类创新型的研究及工作内容，在编写业务信息时则更应注重突出探索、发现规律的部分内容，以结论或开放性结论为主，忽略过细的细节数据，切记将大量环境质量数据堆砌形成信息。虽然从现状分析、预测趋势、阐述原因到探寻规律这一过程从逻辑上是固定的，但并不是说业务信息编写时也只能采用这种方式，业务信息的编写形式是多种多样的，也可以采用例如“倒叙”的形式，首先阐述结论及发现的规律，再叙述发现的过程及前期的基础业务工作。这些都根据编写者的文学功底、对事物的理解方式及写作偏好来自由选择。

例 17：近十年江苏省空气质量总体呈好转趋势

2001—2010 年，江苏省环境空气质量总体呈好转趋势，优良天数比例有所提高；空气中可吸入颗粒物与二氧化硫浓度呈下降趋势，但二氧化氮浓度持续上升，环境空气中霾污染日益突出。全省酸雨污染仍然较重，酸雨发生率仍处高位，酸雨强度依然较大。环境空气污染类型由单一煤烟型向多组分、跨区域的复合型污染转变。

通过分析环境空气质量变化成因，发现结构性污染是造成环境空气污染的主要成因，其次机动车尾气污染问题突出，成为影响城市环境空气质量的重要因素，此外扬尘污染和秸秆焚烧是影响环境空气质量的又一重要因素。同时也应看到，大气污染防控措施是环境空气质量改善的根本驱动力，成效显著。

研究表明，为进一步改善环境空气质量，还应加强以下措施：积极调整能源和产业结构，努力削减污染物排放；加强环境基础设施建设，提升治污能力；加强机动车排气污染防治和油气回收改造；加快实施“蓝天工程”，努力改善城乡空气质量；建立区域联防联控和应急预警

响应机制；强化科技支撑，加强空气质量监测保障能力建设。（摘自：江苏省十年环境空气质量变化研究报告）

点评：本篇信息分析了 2001—2010 年某省的环境空气质量状况，开篇第一段谈环境空气质量变化情况，紧接着分析了影响空气质量变化的原因和规律，最后提出对策建议。全篇内容清楚，条理清晰，结构紧凑，语句通顺，逻辑上逐步推进，一气呵成。这篇信息应该能引起各方的高度关注，体现了环境质量类信息的价值所在。

例 18：黄河兰州段总体污染变化呈现下降趋势

黄河兰州段 1996—2012 年总体污染变化呈现下降趋势，近 5 年水质已经达到国家地面水Ⅲ类水质标准。监测结果显示，黄河兰州段在 1996 年为污染高峰，从 2000 年开始略有上升但较稳定。今年通过监测发现，主要污染物粪大肠菌群、化学需氧量、高锰酸盐指数等平均值出现不同程度减少。目前，政府部门正在采取一系列的有效措施以遏制工业污水和生活污水乱排放现象，改善黄河水质。如果按照治理目标进行控制，到 2020 年，黄河兰州段水生态系统将趋于良性循环，生物链演变和发展的速度有望变得更快。（摘自：中国环境监测总站网站）

点评：本篇信息主题鲜明，表达明确，言简意赅地表达了近年的环境质量变化。虽篇幅短小，但已包含了“长时间序列环境质量规律”、“对策措施”、“预测未来环境质量”几个部分，结构完整。

（2）大空间尺度的环境质量演变规律

随着监测技术的发展，仅靠地面手段以难以及时准确地捕捉大空间尺度的环境质量信息，目前卫星遥感监测等新型手段已成为直接观测湖泊水色、蓝藻水华、湖泛黑水团等水环境生态状况十分重要的技术手段。针对这类大空间尺度的环境质量演变规律，在编写业务信息时应注重对宏观的大尺度的环境质量演变情况的描述和探讨，力求结论为水资源管理、生态系统保护、应对气候变化和政府决策提供数据和科技支撑。

例 19：鄱阳湖水域面积总体呈萎缩趋势

2013 年 5 月，科技部正式发布《全球生态环境遥感监测 2012 年度报告》。研究表明，我国陆表水域空间分布总体呈现南多北少、东多西少的特点。2010 年我国陆表水域面积为 14.23 万 km^2，全球排名第四位，在加拿大、俄罗斯、美国之后。水域面积最大的五个省（区、市）依次为西藏、青海、江苏、新疆、湖北。鄱阳湖作为我国最大的淡水湖，除当地降水外，主要承接赣江、抚河、修水、信江和饶河五河来水。

通过遥感影像监测及实测数据分析，2012 年鄱阳湖年内和年际水源面积具有较大的波动性，年最大面积与最小面积差异显著，过去 11 年水域总体呈现萎缩趋势。水域面积年际和季节变化较大，丰水期和枯水期面积之差达 2 000～3 000 km^2。鄱阳湖的水域面积变化与江水呈现高度一致性，2001—2011 年，丰水期（6—8 月）水域面积平均超过 3 000 km^2，而少雨的秋冬季水域面积一般低于 1 000 km^2。鄱阳湖在 2011 年面积处于低谷，低覆盖次数面积较大，2002 年、2003 年面积增加，随后 2004 年面积降低，随后至 2009 年鄱阳湖波动性萎缩，至 2010 年面积上涨，被水覆盖状况较好。

陆表水域的空间分布一定程度上反映着陆表水资源的储存、利用情况，而其波动或变化体现着气候变化、地表过程及人类活动对水循环、物质迁移以及生态系统变化的影响。鄱阳湖水域面积的萎缩很可能是受过量取水、城镇生活污水、工业废水排放和农业面源污染等多重影响。（摘自：全球生态环境遥感监测 2012 年度报告）

点评：本篇信息的主题是利用卫星遥感监测完成了对我国水域特别是鄱阳湖近年来水域面积的分析，全篇有数据，但不拘泥于数据罗列，从宏观角度表明了鄱阳湖近年来总体呈现的萎缩趋势的状况，并在信息最后指出可能导致其萎缩的原因，表述有理有据，让人信服。

二、环境质量类信息素材主要来源

1．监测报告

以各类现成的环境质量监测报告为素材来源，从中挖掘、提炼信息，编写成有告知、建议、警示等意义和作用的环境质量类政务信息。监测报告中含有大量基础数据，是一座信息量巨大的宝库，政务信息编撰人员要提高对数据的敏锐感，学会并善于从海量数据、报告中发现有价值的信息，科学寻找数据的关联性、规律性，从而编写成一篇有价值的环境质量类政务信息。

监测报告类素材按照报告的性质，可分为环境质量监测报告素材、监督性监测报告素材和应急监测报告素材等。

（1）环境质量监测报告

环境质量监测报告指用以水、气、声、生物、海洋、土壤、噪声等环境要素为对象开展的例行监测所获得的监测数据为对象编写的报告。包括空气和水质日报、周报、月报、季报，环境质量公报（年报）等。

例 20：南京市一季度环境质量状况总体稳定

2009 年一季度南京市环境质量总体稳定。城市环境空气质量较上年同期有明显改善，可吸入颗粒物、二氧化硫和二氧化氮浓度均达到国家环境空气质量二级标准，且浓度季均值同比下降明显。对比一季度优良天数，南京市空气质量在13个省辖市位列第6，与周边重点城市相比，南京市空气质量优于合肥、武汉和杭州等八个城市，仅劣于深圳和广州。一季度城区水环境质量保持稳定，郊区县水环境质量有所下降，全市监测水环境断面（点）263个，其中163个断面水质达到功能类别标准，达标率62.0%，较上年下降3个百分点。（摘自：江苏省环境保护厅网站）

点评：该信息介绍了南京市一季度环境质量状况。开篇先用一句话简介环境质量总体情况，随后从空气和水质两个方面阐述环境质量状况。在空气环境质量方面，先说明总体情况，然后阐述了监测指标、达标情况，并与去年同期、上季度、全省其他省辖市以及周边重点城市进行了对比；在水环境质量方面，也是先介绍了总体情况，然后阐明了达标比率，并进行了同比。信息简明扼要，条理比较清晰，没有堆砌数据。

（2）监督性监测报告

监督性监测报告指为了某一特定目的对环境监测某一特定环节、过程进行监视、督促和管理，使其结果能达到预定目标而开展监测工作后编写的报告。

例21：江苏省组织开展铅蓄电池企业监督性监测工作

为了落实2011年环保专项电视电话会议精神，配合做好铅蓄电池重点企业的整治工作，根据环保部的相关要求，2011年6月，江苏省组织各地开展了一次铅蓄电池企业专项监督监测工作。监测内容包括废水（含车间排口、外排口及雨水排口）中的pH、COD、SS、总铅、总镉，以及废气（含废气排放口、厂界无组织排放）中的铅及其化合物、硫酸雾。据排查，全省共有涉铅企业492家，本次专项监测中，278家企业因停产、整顿、取缔等原因处于关停状态，214家处于生产状态，实际监测企业数182家。监测结果表明，江苏省涉铅企业废水、废气各污染物排放总体达标率均在80%以上，但部分地区的少数企业存在重金属严重超标现象。（摘自：江苏省环境保护厅网站）

点评：该信息从此项监督监测工作的目的意义、监测对象、监测项目、监测结果等方面介绍了铅蓄电池企业监督监测工作的开展情况，条理清楚，结论明确。

例22：灌云县站开展集中式地表水饮用水水源地水质安全监测

为了加强集中式地表水饮用水水源地环境安全管理和水质监督监测，让全县人民喝上放心水，4月灌云县环境监测站对全县乡镇的22个自来水厂取水口进行了现场检查和采样分析。监测项目为pH值、高锰酸盐指数、氨氮、溶解氧和化学需氧量。监测结果显示，除个别水厂的氨氮和高锰酸盐指数指标略超国家地表水Ⅲ类水标准外，其他自来水厂取水口的监测指标均达到《地表水环境质量标准》（GB 3838—2002）表1中的Ⅲ类水标准，监测项目达标率为95%

以上。（摘自：江苏省环境保护厅网站）

点评：该信息从目的意义、监测对象、监测项目、监测结果等方面阐述了灌云县集中式地表水饮用水水源地水质安全监测工作的开展情况，简明扼要，条理清楚。

（3）应急监测报告

应急监测报告指在发生环境污染事故或因自然条件导致环境质量迅速下降的紧急情况下，为发展和查明环境污染情况（污染物种类、污染范围和污染程度等）进行环境监测而编写的报告。突发性环境污染事故的特点是发生的突然性、形式的多样性、危害的严重性、处理处置的艰巨性，因此应急监测报告也必须要相应地满足时效性、针对性、科学性、准确性等要求。

例 23：江苏省环境监测中心组织沿江 6 市开展饮用水水源地应急加密监测，保障饮用水安全

2月 3日 7时，接到常州等地环境监测部门关于长江饮用水水源地附近水域发现大量油污的报告后，省环境监测中心立即启动长江饮用水水源地联动应急监测工作，张咏总工率应急监测人员第一时间赶赴现场。经过短时高效的现场调查和分析研判，迅速向沿江 6 市环境监测部门发出了启动联动应急监测工作的指令。根据《长江饮用水水源地联动应急监测预案》，省中心第一时间编制了《长江饮用水水源地石油类、动植物油联动应急监测方案》，组织沿江泰州、镇江、常州、无锡、苏州、南通 6 市环境监测部门对长江沿线 15 个水源地开展水质加密监测，覆盖了上起镇江下至南通的沿江各市全部相关饮用水水源地。

在应急监测前期，油类污染物成分不明，严重制约了应急监测工作进展。针对上述问题，省中心及时召集省内相关专家，连夜组织技术攻关，通过不同技术方法对比研判，最终准确锁定了主要污染物为动植物油，为后期应急处置提供了强有力的技术支撑。

自 2月 3日 8时起至 7日 9时，沿江 6 市环境监测部门日夜监测，省中心连续调度并及时编制应急监测快报和短信。本次联动应急监测累计完成 42 批次共计 379 个样品的分析，省中心及时汇总各地监测结果，上报省环保厅有关领导应急快报 5 期，短信 12 次，为保障饮用水水源地水质安全发挥了重要的作用。（摘自：江苏省环境保护厅网站）

点评：该信息首先介绍了事件的起因、原委，然后详细阐述了省环境监测中心作为全省监测技术指导中心，如何组织沿江监测部门开展联动应急监测工作的过程，包括分析形势、发出联动应急监测指令、制定联动应急监测方案、组织实施水质加密监测等，并召集专家分析研判，最终确定主要污染物。最后，对此次沿江 6 市环境监测部门联动应急监测的工作量、工作成果进行简要总结。该信息层次清晰，内容完整，重点突出了全省应急联动的过程。

例 24：近期江苏省大部分城市空气质量有所下降

受秸秆焚烧影响，加上不利的扩散条件影响，2012 年 6 月 1—12 日，江苏省大部分省辖城市空气质量有所下降，其中徐州、连云港、淮安、扬州和镇江出现中度或重污染天气。6 月 9 日下午 18 时起，南京市仙林大学城、草场门和中华门 3 个测点 $PM_{2.5}$ 小时浓度出现异常飙升，至 22 时达到峰值，其中南京仙林大学城测点最高达 495 μg/m^3；之后呈缓慢下降走势，但仍处于高位。

江苏省环境监测中心密切关注全省范围内环境空气质量污染发展趋势，6 月 9—11 日，共向江苏省环保厅发送预警监测快报 5 期，同时要求全省各地环境监测站按照《江苏省城市环境空气质量预警与报告制度（试行）》做好环境预警、预报工作。（摘自：江苏省环境保护厅网站）

点评：该信息开门见山地讲述了江苏大部分城市空气质量在某段时期内因何种原因出现下降的情况。随后，简要回顾了南京市空气监测异常数据的发现过程，并讲述了省环境监测中心对此次事件的作为，包括关注与研判空气质量污染发展趋势，向上级部门报送预警快报，组织全省各地监测站开展预警、预报工作等。这是一条典型的通过第一时间对自动监控系统出现的异常数据进行关注、判读而编写的环境质量类信息。

2．专项工作

（1）竣工验收类

“三同时”制度，是指建设项目需要配套建设的环境保护设施，必须与主体工程同时设计、同时施工、同时投产使用。而“三同时”验收监测是执行建设项目“三同时”制度的重要环节。在企业试生产期间，对环境治理设施效果和排放情况开展监测，编制验收监测报告。一般来说，报告主要包括：项目由来、验收监测的依据、项目概况、环保设施及污染物排放、环评结论和环评批复要求、验收监测评价标准、验收监测内容与结果、公众意见调查、环境管理检查、环境风险防范应急预案、结论和建议等内容。内容多，篇幅长，为了将报告内容转换为监测业务信息，主要从以下几个方面考虑：

① 简单阐述项目由来、生产规模；

② 验收监测期间工况条件；

③ 按照环境要素，评价污染物达标排放及总量核算情况；

④ 验收监测过程中存在的主要问题及建议。

例 25：南亚加工丝（昆山）公司一期（1×57MW）热电机组项目顺利通过竣工验收监测

2012 年 3 月 5—7 日，江苏省环境监测中心对“南亚加工丝（昆山）公司一期（1×57MW）

热电机组项目”开展了竣工验收监测，监测结果表明：

（一）废水：生产废水排口水质 pH 值、COD、氨氮、总磷、总氮、SS、BOD_5、动植物油、氟化物浓度均达到《污水综合排放标准》（GB 8978—1996）表 4 一级标准。

（二）废气：锅炉脱硫设施出口烟气中烟尘、SO_2、NO_x 排放浓度及烟囱出口烟气黑度均达到《火电厂大气污染物排放标准》（GB 13223—2003）第 3 时段标准要求；烟气脱硫设施平均脱硫效率为 94.6%，达到省厅批复要求（94%）；总除尘效率为 99.8%，达到设计指标（99.8%）；厂界下风向无组织排放的颗粒物最大浓度达到《大气污染物综合排放标准》（GB 16297—1996）表 2 无组织排放标准。

（三）噪声：厂界测点昼、夜噪声等效声级满足《工业企业厂界环境噪声排放标准》（GB 12348—2008）3 类标准要求。

（四）危险废物委托相应有资质单位处置，一般性固体废弃物均得到妥善处置和综合利用。

（五）污染物排放总量核算：废气污染物 SO_2、烟尘年排放总量均达到省厅批复的总量控制指标要求。废水水量和污染物 COD、SS、氨氮、总磷、氟化物的年排放总量均达到省厅批复的总量控制指标要求。（摘自：江苏省环境监测中心监测信息专报）

点评："三同时"报告是监测部门在完成验收监测工作后出具给企业的监测报告，内容全、信息量大。而作为管理部门更主要关心的是验收监测结论。因此，本例第一段主要阐述了项目基本情况和验收监测的总体结论。随后简要分述了各要素监测的主要结论和达到的标准，并不需要将监测数据一一列出。若有不合格的指标，也可以将数据列出，以供管理部门参考决策。

例 26：扬州海昌港务实业有限责任公司 2 000 万 t/a 社会公用码头项目通过环保验收监测

2013 年 5 月，江苏省环境监测中心对扬州海昌港务实业有限责任公司 2 000 万 t/a 社会公用码头项目开展竣工验收监测，验收监测期间工况稳定，环保处理设施运行正常。监测结果表明：

1. 水环境：三个地表水监测断面 pH 值、COD_{Cr}、氨氮、石油类、高锰酸盐指数均达到《地表水环境质量标准》（GB 3838—2002）Ⅱ类标准，码头上游 1 公里引江河断面总磷（0.14 mg/L）超出Ⅱ类（0.1 mg/L）标准。生活污水处理设施出口水质 pH 值范围和 SS、COD、TP、氨氮、石油类均达到《污水综合排放标准》表 4 一级标准。

2. 大气环境：环境空气 3 监测点 SO_2、NO_2 小时浓度和 TSP、PM_{10} 日均浓度均达到《环境空气质量标准》（GB 16297—1996）二级标准。

无组织：码头下风向 3 个无组织排放点颗粒物浓度达到《大气污染物综合排放标准》（GB 16297—1996）表 2 无组织排放监控浓度限值；

废气：各除尘器出口粉尘排放浓度和排放速率均达到《大气污染物综合排放标准》

（GB 16297—1996）表 2 二级标准。

3. 声环境：堆场厂界 8 个测点昼间、夜间噪声值均满足《工业企业厂界环境噪声排放标准》（GB 12348—2008）3 类标准。码头吊车周边 3 个测点昼间、夜间噪声值均满足《工业企业厂界环境噪声排放标准》（GB 12348—2008）4 类标准。

4. 固废：固体废物均已安全处理处置。

5. 污染物排放总量核算：统计结果表明，本项目产生的粉尘年排放总量未超出省环保厅核准的总量控制指标要求。废水、固废零排放。（摘自：江苏省环境监测中心监测信息专报）

点评：本例是港口码头竣工验收监测案例。对港区码头生产生活废水排放和装载过程中产生的无组织颗粒物排放及噪声情况进行监测，对作业区水域和大气环境设立监测点位，监测环境水质和环境空气达标情况，并根据监测结果统计污染物排放总量。本例也是结论性叙说为主，明确指出不达标断面污染因子和浓度值，内容简洁，结论清晰。

（2）仲裁监测

近几年，环境信访案件逐渐增多，往往需要借助环境纠纷仲裁监测。环境纠纷仲裁监测不同于其他监测，它有着更为严格的要求，因此做好仲裁监测必须严格按相关技术规范和程序进行。仲裁监测应由国家指定的权威部门进行，以提供具有法律责任的数据和报告，供执法部门、司法部门仲裁。

此类监测信息一般受当事人或委托方要求，不公开检测结果信息情况。编制监测业务信息时一般简要写明事情的缘由，出现或存在纠纷的症状或主要问题，调查的过程和检测的结论。

例 27：受氟污染影响安徽省何××苗圃种植园内植物出现死亡

受安徽省宣城市中级人民法院委托，我公司组织有关专家对安徽××氟化学有限公司以及何××苗圃进行了现场采样及监测。根据现场查看，该苗圃主要苗木品种有香樟、桂花、红枫、紫薇、广玉兰、二乔玉兰、银杏等当地常见的适生树种，苗圃地的管理状况良好。经鉴定，主要苗木的受害症状如下：红枫：嫩梢枯死，无新叶，老叶的叶尖或叶缘枯死，部分植株死亡；香樟：叶面上有黄色斑块，部分叶片枯死，植株生长不良；广玉兰：嫩叶的叶尖和叶缘出现枯死，生长不良；二乔玉兰：嫩叶的叶尖和叶缘出现枯死，生长不良；紫薇：顶芽生长萎缩，新叶变小，生长不良；桂花：落叶，树叶稀疏，部分植株枯死；雪松和湿地松：针叶大量枯死，部分植株枯死。

从上述苗木受害症状看，与植物受氟化氢气体污染后首先引起叶尖和叶缘枯死，受害叶组织与正常叶组织之间形成明显边界等特征基本一致，且表现出距离化工厂区越近的地块受害程度越重的规律，在受害部位未发现虫害特征或病原物引起病症，因此，可以基本排除苗木的伤害是由虫害或侵染性病害引起的。

在该苗圃地选择香樟、红枫、松树、桂花、广玉兰、二乔玉兰等品种苗木，采集叶片测定叶内的氟含量，并在距离该苗圃地和化工厂南面 1km 处，选择生长正常、大小相近的香樟、红枫和松树的叶含氟量为对照，测定结果表明：苗圃内香樟枯死叶片的氟含量达 501.19 mg/kg，是对照样本的 26.9 倍；红枫叶片的氟含量达 310.39 mg/kg，是对照样本的 16.8 倍；松树枯叶的氟含量达 766.77 mg/kg，是对照样本的 15.6 倍；桂花、广玉兰和二乔玉兰叶片的氟含量分别达 198.66 mg/kg、457.52 mg/kg 和 75.82 mg/kg。氟化物在植物的茎叶内有积累效应，其含量超过该植物的最大耐受范围时，植物出现伤害症状，甚至会引起枯死。

根据调查与测定分析结果，该苗圃内苗木出现的伤害和死亡现象，主要原因是由于安徽××氟化学有限公司排放的氟化氢气体污染所致。（摘自：江苏省环境监测中心监测信息专报）

点评：本例是一起化工厂废气污染周边农作物的案例。化工厂产生的废气虽然达标排放，但并不表示对周边植物没有影响。本例的纠纷就是植物受周边化工厂氟污染的影响，出现伤害症状。现场检测的数据结果也证明了植物确实受到了氟污染。

（3）专项监测

专项监测主要是围绕国家环境保护重点任务和管理需要，有针对性地开展环境监测工作。如：沙尘天气监测，近岸海域水质监测，饮用水水源地水质监测，土壤监测，重点防控区重金属监测等，根据专项监测数据编制监测报告。专项监测业务信息编制一般考虑以下几个方面：一是监测的范围、对象；二是监测的项目指标；三是评价标准和结论；四是原因分析和对策建议。

例 28：佛山土壤重金属严重超标

佛山科技学院资源环境系对佛山城郊菜地重金属污染状况开展专项监测，课题组综合考虑土壤类型、污染源及蔬菜种类、菜地面积等因素进行布点，在佛山市共计布设采样点 55 个。监测结果显示，除镉的平均含量超出国家土壤环境质量二级标准 0.34 倍外，铜、锌、镍、铅、铬和镉分别超出广东省背景值 0.79 倍、1.75 倍、0.83 倍、0.31 倍、1.27 倍和 3.27 倍。全市土壤整体上受到了轻度重金属污染，镉污染最严重。镉污染严重，可能与污水灌溉、长期大量施用含重金属的肥料和农药、污泥农用等有关。（摘自：《羊城晚报》）

点评：土壤重金属污染是当前老百姓热议的一个话题，各个研究院所针对本地区重金属污染情况开展调查监测。本例讲述了重金属监测区域、布点数量、监测指标、评价标准和监测结果等情况，简单分析了污染物超标的原因，数据清晰，结论明确。

例 29：浙江舟山朱家尖南沙海水浴场水质优良率为 92.8%

2012 年 6 月至 9 月底，浙江省舟山海洋生态站对朱家尖海水浴场进行了连续每周一期，共 14 期的水质监测，监测项目为水温、盐度、pH 值、石油类、漂浮物、粪大肠菌群等指标。

监测结果为：6 期质量等级一级，评价为优，最适宜游泳；7 期质量等级为二级，评价为良，适宜游泳；1 期质量等级为三级，评价为一般，较适宜游泳。水质优良率为 92.8%，同比略有下降。粪大肠菌群是朱家尖海水浴场的首要污染物质，粪大肠菌群均值上升可能原因与游客增加、来浴场人数增多有关，也不排除雨水冲刷陆源污染直接进入海域影响水质。（摘自：中国环境监测总站网站）

点评：本例针对海水浴场这一特定场所，每年的夏季对海水水质开展专项监测，发布水质状况和游泳指数。对 6—9 月海水水质开展同比分析，分析水质下降的原因。不但告知游客水质状况，也为管理部门控制人流量，确保水质提供技术依据。

3．监测科研

以各类完成的监测科研材料为素材来源，从中凝练出可以公开的科研结果，编写成具有重要参考价值的环境质量业务信息。业务信息编写人员应注意科研报告中需保密的成果，注意业务信息写法与科研报告写法的区别，提炼出对决策部门、社会公众有价值的内容，及时编写上报。

环境监测科研材料可分为：环境监测试点工作报告、科研课题结题材料、方法及标准限值研究课题申报材料等。

（1）方法、标准研究课题申报材料

环境监测新方法、新标准的研究应用，有利于提高监测结果的精密度，从而影响环境质量数据结果。在新方法、新标准研究的课题申报材料中，可以提取出对课题的研究方向、研究意义、研究现状等要素，编写成有预见性的环境质量业务信息。

例 30：固体废物中痕量金属元素测定新标准制修订将提高固废对环境影响评价的准确性

目前我国在进行固体废物中痕量金属元素的测定一般是取其浸取液直接采用原子吸收法、分光光度法或容量法测定。但是仅测定固废浸取液中的有害元素，且其浸取处理方法本身还有部分缺陷，如浸提剂的选择，固液比比例多少，浸提方式和时间的确定等，上述因素均可使分析测定结果有所差异，因此对固体废物中有害污染物总量分析很有必要。

按照此次环境保护部标准制修订计划的要求，江苏省将承担固体废物中痕量金属元素的测定这一课题，根据国内外相关标准和方法，将采用微波消解电感耦合等离子体原子发射光谱分

析技术。该标准的制定，将能提高对固体废弃物对环境的潜在影响评价的准确性，有利于废弃物资源化处理与处置方法的正确选择。（摘自：江苏省环境监测中心监测信息专报）

点评：这篇信息短小精悍，从篇幅长、技术性强的标准制修订申报表中提取出了目前固废中痕量金属元素测定存在的问题，解决的必要性，以及课题研究的技术路线。这篇信息的编写注意区分了技术文件和业务信息写作的不同特点和写作要求。

（2）科研课题结题报告

环境监测科研课题的开展就是为了解决环境质量监测中存在的问题，拓展环境质量监测的深度和广度。从重点科研课题的结题报告中可以获得课题的成果应用情况，提取出对环境质量监测结果的影响情况，编制成有创新性的环境质量业务信息。

例 31：“流域水环境监测全过程质量管理体系研究”课题成果成功应用，保障流域水环境监测科学精准

国家水专项课题“流域水环境监测全过程质量管理体系研究”经过 3 年多的科技攻关，取得了显著成果。该课题构建了流域水环境监测质量管理体系框架，突破了有机污染物监测质量控制指标及评价关键技术，创新了质量监管方法和装备，保障了流域水环境监测科学、精准。

该课题的主要着眼点，是我国目前流域水环境监测中的三大主要问题。

一是针对我国流域水环境监测质量管理缺乏顶层设计、系统性不强问题。研究建立了流域水环境监测质量管理体系总构架，为完善流域水监测质量管理工作奠定基础。

二是针对目前流域水环境监测质量管理中，定性要求规定多、定量控制指标及合格评判标准少，质控标样配套率低，现场监测质量管理薄弱等问题。突破了有机污染物量化质控指标及评判技术，填补了 5 种质控标样空白，研发了现场监测数据采集和传输装备，为保障流域水环境监测科学、精准提供了技术手段。

三是针对基于流域层面的质量管理制度缺乏，监测人员资质管理过程费时、费力问题。建立了系列流域水环境监测质量监管制度，开发了人员持证上岗考试管理系统，为保障流域水环境监测科学、精准提供了管理手段。

课题成果在国家、省、市、县四级监测站得到了示范应用，并为《江苏省环境监测“十二五”发展规划》的编制和江苏省社会环境检测机构监管试点工作提供了技术支持。（摘自：江苏省环境监测中心监测信息专报）

点评：这篇信息来源于水专项课题的结题报告，信息开篇即阐述了“流域水环境监测全过程质量管理体系研究”的重要作用，实现了框架构建、技术突破、装备创新，保障了流域水环境监测科学、精准。同时，具体写明了课题主要解决的问题，以及成果应用情况。这篇信息写作要素齐全，

段落层次清晰，不失为一篇优秀的范文。

（3）环境监测试点工作报告

环境监测试点工作是带有探索研究性质的专项工作，而试点工作报告中含有大量有价值的区域环境质量数据，从中可以凝练出非常具有参考性的环境质量业务信息。

例 32：江苏省化工园区污水处理厂污泥重金属含量试点监测结果不容乐观

2011—2012 年，省环境监测中心站调查了全省化工园区集中式污水处理厂，分析了污泥浸出液和污泥样品中的五种重金属含量，对部分污泥的生物毒性进行了筛查和研究，试点监测结果不容乐观。

经调查，全省园区集中式污水处理厂污泥浸出液中各重金属元素均有检出，但含量水平均未超过《危险废物鉴别标准浸出毒性鉴别标准》；污泥样品中五种全量重金属元素均有检出，部分样品中砷、汞、铬超过了《农用污泥中污染物控制标准》中的控制限制；毒性筛查试验表明化工行业污泥均有一定的生物毒性，且全量重金属含量较高的污泥的大型蚤急性毒性相对明显。同时，本试点研究还对各污水处理厂的进水（接管水质）进行了采样分析，经监测进水中砷、铅、总铬浓度均有不同程度的超标现象，其中砷超标率最高，初步判断集中式污水处理厂污泥中重金属主要来源于接管企业的污水排放。

建议江苏省从以下几个方面加强化工园区污泥的污染防治工作。一是源头控制，加强园区企业环境监管。企业应在车间废水排口建设一类污染物治理设施，确保各类重金属污染物达标排放，并定期对接管水质进行监测，严厉查处超标排放的非法行为。二是完善鉴别体系，建立污泥毒性快速筛查方法。采取污泥急性毒性初筛、反应性鉴别、毒性物质含量鉴别等手段建立相关的毒性鉴别能力体系，对具有环境安全隐患的污泥做到尽早发现、尽早识别。三是分类管理，严控含重金属污泥处置去向。化工企业一类污染物治理设施和园区集中式污水处理厂物化工段产生的污泥以及鉴别为危险废物的生化污泥要严格按法律规定委托有资质单位妥善处置；对于鉴定为一般固体废物的生化污泥应严格按照江苏省城镇污水处理厂污泥管理有关规定进行规范化储存、运输和处置，并严禁将不符合农用标准的污泥用于土地利用或随意弃置。（摘自：江苏省环境监测中心监测信息专报）

点评：我国一些地方相继发生多起重金属污染事件，严重威胁人民群众身体健康，重金属造成的环境污染危害日益凸显，是当前亟待妥善解决的突出环境问题。某省进行的此次化工园区污水处理厂污泥重金属含量试点监测工作非常及时，监测结果非常具有参考价值和警醒作用。这篇业务信息来源于此项试点工作报告，在编写时略去了工作流程，标题和首段写明了不容乐观的情况，后续又详细分析了具体检测结果，并判断出重金属污染的来源，同时根据监测情况提出了防治措施。

4．新闻、报刊等其他载体

除了关注各类监测报告、专项工作成果及科研成果外，要想写出一篇好的业务信息，还需在其他方面积累大量的专业知识和专业背景。日常工作中，可通过新闻、网站、报刊、杂志、广播等媒体关注重点、热点环境问题，一些技术培训、业务会议上的信息，也是编写环境质量类业务信息的重要来源，有了这些知识储备和技术基础，在编写业务信息时就可以有的放矢地优先选择社会公众普遍关心的重点热点环境问题。一些优秀的环境类报刊、网站，如《中国环境报》（报纸）、《中国环境监测》（杂志）、环境保护部网站（网站）等，都是非常好的业务信息素材来源。其次，众多的科技文献也是环境质量类信息素材编写业务信息时所需的优秀资源库。从优秀的科技文献中，我们可以发现目前在环境监测领域的工作新思路、新举措，能了解很多新的环境监测分析方法及创新、领先的技术。这些都可以在编写环境质量类业务信息时作为总结结论、探索规律的法宝。

例 33：河北省利用环境卫星开展立体化监测

河北省环保厅与环境保护部卫星环境应用中心近日签署环境遥感监测与综合应用合作协议。河北省由此成为全国首个实现“天地一体化”立体全覆盖监测省域的省份。

2013 年初，河北省连续出现雾霾天气，严峻的环境形势要求河北省必须加大治理力度。而目前地面监测手段有一定不足，缺乏时空上的连续性，特别是现有的监测站点主要分布在城市重点区域和流域，难以全面、及时、准确监测预警生态环境状况及其发展趋势。环境遥感监测则恰好具有大范围、快速、动态、客观等特点，采用遥感技术进行监测则有效弥补了地面环境监测手段的不足。

接下来，河北省将充分利用环境保护部卫星环境应用中心现有数据资源，逐步开展遥感数据分析工作，尽快形成监测能力。环保部也将逐步在环境监测领域全方位开展环境遥感技术应用，重点开展大气环境、水环境、重大工程实施区域、自然保护区、重要水源保护区、重要生态功能区等方面的卫星遥感监测。（摘自：《中国环境报》）

点评：本篇信息的素材就是通过来源于《中国环境报》的一篇采访素材，作者以此为原材料进一步选择、加工，成为一篇业务信息，全面介绍了河北省开展环境卫星立体化监测的基本情况。

三、环境质量类信息编写的原则与要求

1．数据翔实，避免罗列

客观、翔实的监测数据是环境质量类信息的素材来源，是一座巨大的信息宝库，环境质量类信息的内容必须源于数据、立足数据，并从中挖掘素材、提炼主题，编写成一篇具有阅读和参考价值的业务信息。环境质量类信息必须要建立在科学准确的数据基础上，以事实说话，但是又要避免简单地罗列和堆砌数据。大量的专业术语、监测指标、监测数据出现在信息中，只会使信息繁复冗长、晦涩难懂，使读者看了一头雾水、不知所云，从而无法突出信息需表达的核心和重点。所以一篇好的环境质量类信息必须要学会从海量的原始数据中发现问题、凝练主题、探寻规律，达到源于数据又超越数据，使数据为我服务这一境界，这样才能使信息内容既满足真实性，又增强了可读性，达到服务管理、建言献策的目的。

2．言简意赅，通俗易懂

环境质量类信息要求主题突出、层次清楚、简明扼要、深入浅出。信息的主题是全篇信息的精髓，应做到正确、概括、鲜明、深刻，信息的标题就应是全篇主题的归纳。信息正文写作时应当层次清楚，可以先拟提纲，注意前后逻辑关系，使读者可以快速理解文意。语言叙述讲究简明扼要，应符合政府机关公文的“准确、简洁、鲜明、生动”等基本特征和要求，如“今年上半年巢湖总磷比去年同期下降30%”，“新标准实施后合肥市空气质量下降近四成”等，既简洁明了，又通俗易懂。

3．分析现状，提出对策

环境质量类信息不仅仅要表述环境质量的状况，更需要针对环境质量反映的突出问题，通过调查，分析综合因素，提出对策建议。这样的信息能够给政府决策部门提供更有价值的参考作用，也让其他读者了解环境质量变化的前因后果。此类信息的写作应遵循：问题—原因—建议的结构。指出问题，要联系全局，关联前后。孤立地指出某个数据，也许并不能发现问题所在，要在时间、空间上进行对比，方能凸显问题。有些问题甚至不能只看数据，要对比自动监测、手工监测的情况，结合现场踏勘，才能做出正确判断。分析原因，要多方查证，综合判断。环境质量变化的原因往往由于综合因素的影响，可能涉及政策措施、产业结构、治污监管、突发事件、人为因素、气象条件及监测技术等方面。提出建议要明确责任、切实可行。环境质量问题的解决需要多个部门的配合，当发现问题时

不能含糊其辞，提出建议要明确责任主体。建议更要符合实际，具有可行性。

4．分析规律，研判趋势

在业务信息的内容上应有一定深度，力求通过文字描述、数据统计、图表展示等各种手段分析、反映出某种特征和结论，这需要作者下一番苦工夫，既要深入发掘、细心捕捉、认真构思，又要反复提炼、用心雕琢。特别是对于探寻规律类的业务信息写作，更应抓住重点，突出其与日常工作的区别，突出其探索性及对初步结论的分析，特别侧重于反映业务和科研工作的深度，以期给读者以思考、警示和启发。

第五章　监测动态类信息写作技法

所谓监测动态类信息，就是指围绕某一时期环境监测的重点工作，根据相关领导的指示精神，各级、各部门领导机关的工作部署，对工作和活动的进展以及发展变化情况进行适时反映的信息。就一项工作来说，它包括工作的部署、落实、检查、总结等各个阶段的情况；就工作的一方面来讲，它既可以反映工作的成就，也可以反映工作的问题。相对综信息而言，它是原始的、初级的、没有经过深入加工的信息，主要是反映事物表象的最新动态变化情况。

一、监测动态类信息报送的重点内容

监测动态类信息是监测业务信息中最常见的一种类型，其反映的情况几乎涵盖了监测活动的全部内容，所以，监测动态类信息在监测业务信息中也是占比重最大的一种信息。作为各级领导和机关了解掌握情况的一个主要来源，各监测业务单位横向交流学习的一个平台，监测动态类信息在编报的过程中，要将其反映的内容侧重在如下几个方面进行。

1. 环境监测新思路

思路就是思考的线索。环境监测新思路就是围绕上级机关的决策部署，针对环境监测出现的新情况、面临的新问题，就如何更好地发挥环境监测职能，创造性地做好环境监测工作的思考。进入新时期，随着探索环保新路的提出，环境监测也进入转型发展的快车道，“说清环境质量现状及其变化趋势、说清污染源状况、说清潜在环境风险”——“三个说清”为各级环境监测站指明了努力的方向。为实现“三个说清”的奋斗目标，各级环境监测站所开展的一切创新性思考和实践活动，都是我们环境监测业务信息编报的重点。

在党的十八大报告中也明确提出，要大力推进生态文明建设，树立尊重自然、顺应自然、保护自然的生态文明理念，把生态文明建设放在了一个非常重要的位置，融入到经济建设、政治建设、文化建设、社会建设的各个方面和全过程，形成了“五位一体”的战略布局。环境监测要适应我国经济社会发展的新要求，顺应人民群众的新期待，坚持以人为本，大力推进环境监测的科学发展，积极在民生关注的领域，进一步改进监测手段，完善前瞻性监测战略布局，在更高层次、更宽领域为环境管理、为经济社会发展提供优质服务。这些应该是我们各级环境监测站进行思考和努力的方向，也是我们环境监测业务信息编报的重点内容。

下面的两篇信息，就是分别从监测工作全局和具体工作出发，对新时期环境监测应如何围绕“三个说清”的奋斗目标，进一步加强能力建设和提高服务水平所进行的思考和探索。

例 1：中国环境监测总站学习贯彻十七届五中全会精神认真谋划转型发展新思路

2010 年 10 月 22—23日，总站召开党委扩大会议，传达学习贯彻党的十七届五中全会精神，研究“十二五”总站转型发展新思路。会议由罗毅站长主持，全体中层以上干部参加了会议。

总站党委书记陈斌首先传达了周生贤部长在部党组中心组第六次集中学习会议上的讲话精神，以及党组关于学习贯彻党的十七届五中全会精神的主要部署，要求各党支部、全体党员将深入学习贯彻会议精神作为当前一项重要的政治任务来落实。与会人员在集中学习党的十七届五中全会公报的基础上，进行了认真讨论。

中国环境监测总站站长罗毅强调，当前总站发展正处于深化转型的关键节点，科学编制总站“十二五”发展规划，谋划好当前和今后一个时期总站的发展蓝图，既是学习贯彻党的十七届五中全会精神的内在要求，也是为总站转型发展进一步理清思路、明确目标的实际举措。

罗毅站长指出，要处理好继承与发展、投入与产出、局部与全局、业务与科研、生产与需求、激励与约束六大关系，以完善国家环境质量监测网和优化国家环境监测任务设计为抓手，深化例行监测，努力做到“三个说清”，要着眼世界环境监测发展前沿，主动开展生态功能区监测、生物监测、空气中臭氧、细粒子、地表水和 VOCs和生物毒性等试点与研究性监测，要以确保重大环境污染事故应急和重大活动环境质量为目标，不断提高应急监测能力，要强化环境监测质量保证与质量控制，以重点实验室创建工程、应急监测响应工程、培训基地建设工程为基础加强能力建设。（摘自：中国环境监测总站网站）

信息点评：在特定时期、特定阶段的重大工作部署都是我们监测信息工作始终关注的重点。这篇信息反映的是“十二五”开局之年、党的十七届五中全会召开之后，中国环境监测总站贯彻落实党的十七届五中全会精神专题研究转型发展新思路，信息传达出的内容非常重要，既反映了总站及时传达贯彻党的十七届五中全会精神，又反映了总站作为环境监测系统的最高部门在“十二五”期间的工作重点和整个监测系统“十二五”期间的工作思路。这篇信息应该能引起环保部领导、各省各级监测部门的高度关注，体现了动态信息的价值所在。

例 2：江苏环境监测中心积极探索环境与经济形势分析工作新机制

为探究经济增长背景下的环境与经济发展特征及相关关系，使江苏环保工作更好地服务于经济社会发展大局，促进环境与经济的协调可持续发展，江苏省环境监测中心开展了全省环境与经济形势分析研究，并完成了《2011 年江苏省环境与经济形势分析》报告编制。

报告以 2011 年江苏省社会经济发展、污染物排放以及环境质量等数据为基础，从宏观经济运行、资源能源消耗、环境质量变化、区域经济发展与污染特征等方面对全省环境与经济形势进行了总体评估与关联性分析；在此基础上，还对当前及今后一段时期江苏省环境与经济协调发展所面临的主要问题进行了剖析阐述；最后，从创优政策环境、加快科技创新、实施生态战略、推进污染减排、强化环境监管等方面提出对策建议，以期为环境管理决策与相关经济政策的制定提供参考。

下一步江苏省环境监测中心还准备在现有已开展工作基础上，进一步健全环境与经济形势分析工作机制，加强和完善形势分析工作，提升为环境经济综合决策服务能力，为全省经济环境的协调发展出谋划策。一是进一步加强与经济统计等部门的交流与合作，建立通畅的信息共享渠道与联合分析机制；二是建立健全全省社会经济与环境质量数据库，为环境与经济形势分析提供基础数据支撑；三是拓展综合分析的深度与广度，结合短期与中长期分析，系统、定量地剖析江苏经济发展与环境状况演变规律、特征，探索社会经济与资源环境协调发展机制，为优化全省产业布局、调整经济结构、转变经济增长方式从环境保护的角度提供参考和依据。（摘自：江苏省环境监测中心网站）

信息点评：这篇信息是反映江苏省开展环境与经济形势分析研究的一篇动态信息。监测中心开展环境与经济形势分析研究，是环境监测工作直接服务经济发展的新思路，对各级监测部门拓展工作思路具有很好的借鉴意义。信息的题目和第一段就直接点明了开展环境与经济形势分析研究的意义所在，其后详细介绍了《2011 年江苏省环境与经济形势分析》报告编制的主要内容，并提出了从三个方面入手进一步健全环境与经济形势分析工作机制，可以说，准确的切入点和信息主体内容选取，使这篇信息取得了良好效果。如果能将《2011 年江苏省环境与经济形势分析》中“从宏观经济运行、资源能源消耗、环境质量变化、区域经济发展与污染特征等方面对全省环境与经济形势进行了总体评估与关联性分析”的主要结论提炼出来，并辅以“社会经济发展、污染物排放以及环境质量等数据”做支撑，最后针对性地提出对策建议，这将是一篇很好的综合信息。

2．环境监测新举措

所谓环境监测新举措，通俗地说，就是指根据不断变化的形势和任务，为进一步满足环境监测工作需求，对原有的一些制度、规范、措施、方法等进行不断的改进和完善，使其在实践中发挥出更大、更好的作用。

新举措包含的范围很广泛，既可以是环境监测行政管理、监测质量管理，也可以是党的建设、廉政建设和行风建设等方面的内容。新措施应突出反映两方面的内容：一是对长期沿用的、固有的、约定俗成的制度和理念进行改革和创新，并根据工作实际需求，重新建立起来的一系列新秩序；二是具体到一个专项任务、一次专题活动，为保证工作任务的圆满完成，有针对性地采取一系列有别于一般性工作的保障措施。

例 3：浙江省监测中心与海宁市人民政府建立战略合作关系

2013 年 3 月 1 日，浙江省环境监测中心与海宁市人民政府在杭州签订战略合作协议。海宁市副市长王建坤，市政府办公室、环保局、环境监测站有关人员，中心领导班子成员及中层干部参加了此次签字仪式。

首先，中心邵卫伟副主任就双方合作协议具体内容进行了详细的介绍。此次战略合作，将以“服务经济社会发展，促进生态文明建设”为宗旨，双方本着“互帮互助、互利互惠、合作共赢”的原则，建立业务合作平台。省环境监测中心将充分发挥在环境监测、咨询、规划方面的技术优势，结合海宁市经济结构特点和生态文明建设的需要，为当地政府在污染减排、流域治理、重金属污染防治、生态市建设等方面提供业务咨询和技术支持，促进当地环境保护事业发展，推动产业转型升级，提升生态文明建设水平。海宁市人民政府将为省环境监测中心提供科研实践基地以及监测、咨询等业务拓展方面的支持。双方建立对接协调部门，不定期召开联席会议，并负责日常事务的联系与沟通，确定年度工作计划和工作目标。

签字仪式上，海宁市王建坤副市长，中心吴斌主任分别致辞。王建坤副市长指出，目前环境保护得到了社会各界的关注，越来越受到各级政府的重视。海宁市也正在积极推进“清洁空气、清洁水源、清洁土壤”的三清行动，大力建设生态海宁、美丽海宁。此次能与省环境监测中心“联姻”，能够得到省环境监测中心的支持，定能对海宁市监测事业发展，环境保护工作，生态市建设起到很大的促进作用。同时海宁市将积极支持省环境监测中心在海宁开展监测科研等工作，与省环境监测中心共同探索更加宽广的合作空间。中心吴斌主任在致辞中指出，此次战略合作是省监测中心为地方社会经济发展服务，促进当地政府环境保护工作，推进生态文明建设的一个创新举措，也是中心加强与市（县）级政府合作，拓展监测领域与业务，开展监测科研活动的有益探索。省监测中心将积极发挥在监测人才、设备、技术等方面的优势，找准契合点，为海宁市生态文明建设服务，为海宁市社会经济的发展做出贡献。

最后，中心吴斌主任与海宁市王建坤副市长共同签署了合作协议，标志着双方战略合作正式启动。（摘自：浙江省环境保护厅网站）

信息点评：与省监测站开展战略合作，利用其人才和技术优势，提供业务咨询和技术支持，推动环境保护工作开展，应该说，这是一种全新的合作模式，是加强环境保护工作的一项创新性举措。信息包含的内容非常广泛，省级监测与县级政府开展合作，反映出监测部门为基层服务的意识越来越强，环境监测的影响力在不断加大，监测数据对环保工作的指导作用也越来越明显。同时，也说

明各级政府对环境保护工作也越来越重视，加强生态文明建设，建设美丽中国也不再是一种理念，而是具体的行动。

通过这篇信息既让我们看到了环境监测地位在提升，同时也让我们感受到环境监测的压力也在不断增强，随着环境管理需求不断加大，环境监测应该在监测领域的拓展上，在监测科学研究的深度上，在监测数据综合挖掘上进行强化。这篇信息起到了交流借鉴和辅助决策的作用，从这个意义上来讲，说它是一篇好动态信息，并不为过。

例 4：青岛市环境监测中心站与气象台合作又出新举措

青岛市环境监测中心站在 2012 年就与气象台研究建立了会商制度。为全面贯彻落实好环保部《关于进一步做好重污染天气条件下空气质量监测预警工作的通知》精神，更好更快推进我市环境空气质量预测预警水平，日前，青岛市环境监测中心站与气象部门加强沟通和联系，又推出了新的合作举措。一是定于每日下午 2 点 10 分开始视频会商，会商主要内容为未来七天风速、风向、温度、湿度、降雨情况和雾霾情况等气象变化趋势。二是做好污染过程的趋势分析和研判项目。三是完成光纤布设及联网工作，为环境空气质量预测预警提供科学技术支持。

下一步，青岛市环境监测中心站将会按照会商制度，建立并完善环境空气质量预警预测的工作机制，及时发布空气质量监测信息，提出针对不同人群的健康保护和出行建议，为市民出行提供及时、科学的服务。（摘自：青岛政务网）

信息点评：区域联防联控是加强污染治理的有效手段，特别是针对灰霾的污染控制，环保部门应加强与气象部门之间的合作，建立起相应的合作预警机制。这篇信息介绍了青岛市环境监测中心站与气象部门之间建立了会商制度，这种合作方式是一种应对空气质量变化，更好地做好环境空气质量预警预报工作的一项新举措。同时，也为其他相关部门开展类似工作提供了参考，是一篇紧跟当前环保热点的好信息。

3．环境监测新进展

广义上的环境监测新进展，是指各级环境监测站正在进行的各项监测工作和组织开展的所有活动。在这些工作和活动里面，有很多是常态性、重复性的监测工作，这些可以用信息的形式进行上报，但辅助决策的意义不大，所以这些规定性的工作和活动，不是我们监测业务信息编报的重点。

我们这里所说的环境监测新进展，主要包括两项内容：一是由环保部或中国环境监测总站统一部署，在全国范围内广泛组织开展的各项活动；二是围绕民生关注的重点、社会舆论的热点、环境监测改革推进的难点和焦点问题，各级环境监测站结合各自的实际进行的探索和尝试。在信息编报上，可以围绕上述两项内容，对工作安排部署、督导检查、工作落实情况、阶段性工作成绩等方面的情况及时进行信息编写。

下面的两篇信息，反映的就是目前大家普遍关心的生态监测和环境监测社会化改革的工作进展情况。

例 5：辽宁省生物多样性监测试点工作全面启动

辽宁省环境监测实验中心从 1987 年即率先组织省内各市开展河流和水库生物监测，监测项目包括底栖动物、着生藻类、浮游藻类、叶绿素 a 和粪大肠菌群。通过多年监测，积累了近 30 年的数据资料，为辽宁地区生物监测领域奠定了坚实基础，储备了一批生物监测技术人才。基于此，中国环境监测总站今年把辽宁省列为全国两个生物多样性监测试点省份之一。

本次生物多样性监测试点工作内容主要包括两部分：一是编制监测设计方案；二是选择典型示范区开展生物多样性监测调查工作，并完成试点示范报告。

根据总站生物多样性保护专项项目要求，省环境监测实验中心生态室技术人员多次开展专题讨论，确定人员配置、监测范围、点位布设、监测时间和频次、评价方法等，并拟定于 6 月份结合辽河流域"十二五"水专项研究在省内清河、凡河、蒲河、汤河和柳壕河等典型区域开展生物多样性监测。目前，已对近 5 年全省生物监测相关数据进行了收集、整理，结合查阅国内外最新研究成果，围绕重点任务完成了采样前期准备工作，并已初步编制完成《试点地区生物多样性监测设计方案大纲》，标志着辽宁省生物多样性监测试点工作全面启动。（摘自：辽宁省环境监测实验中心网站）

信息点评：这是一篇反映监测站在某省开展水生生物多样性试点监测的动态信息。生物多样性保护是继气候变化之后的又一全球环境热点，并已上升为国家战略。开展生态监测是我们当前乃至今后很长一段时期内的监测核心工作，信息很好地抓住了当前正在开展的重点工作内容，并及时反映出了开展生态监测工作的进展情况。生物多样性监测试点工作的全面启动，反映出环境监测涉及的监测领域在不断拓展，环境监测能力在不断提升。从原来的点源和面源监测，发展到生态监测、区域联防联控。在更高层次上为环境保护提供全面的技术支撑，是环境监测工作的大势所趋，是监测人的职责所在。通过这篇信息，各级环境监测站应该引起重视，做好相应的技术储备，积极谋划开展相应的监测工作。

例 6：江苏省社会化检测机构试点工作取得初步进展

2012 年下半年，江苏省环境监测中心配合省环保厅监测处开展社会化检测机构试点工作，制定了《江苏省社会化环境检测机构试点工作方案》，对申报试点单位的 37 家检测机构进行材料初审筛选，并与当地环保局、监测站、特邀评审专家一起组成现场核查组，对筛选出的 19 家检测机构进行了现场核查和评估。核查组从机构基本情况、实验室环境、仪器设备、人员结构、管理体系、工作业绩、业务特色等七个方面，对申报试点的检测机构进行了全面的核查和调研。根据现场核查情况，按《社会化环境检测机构现场核查评分表》中的内容进行评估打分

和排序。近期，江苏省环境监测中心将在南京组织社会化监测机构人员进行环境监测理论考试。（摘自：江苏省环境监测中心网站）

信息点评：这篇信息反映的是某省社会化检测机构改革设点的开展情况。环境监测社会化机构改革，是各级环境监测站普遍关注的一个热点。很长时期以来，围绕社会化检测机构改革争论一直没有停止，各种支持和反对的声音此起彼伏，也没有形成一个统一的意见，但是作为改革试点，一些社会化监测机构，已在部分省市陆续成立，监测工作也相继开展。这篇信息反映的内容是某省为进一步发挥社会检测机构应有的作用，通过采取相应措施，加强对社会化检测机构进行规范管理的探索与实践，为下一步全面推进环境监测社会化机构改革积累了经验。通过这篇信息，我们对社会化检测机构改革试点情况有了一个了解，为领导决策和其他省市开展此项工作也提供了参考。

4．环境监测新经验

经验就是在实践中得到的知识和技能。所谓环境监测新经验，就是针对环境监测的新情况和新问题，通过一系列创新性的举措进行积极应对，达到了目的，取得了成绩。从推广和借鉴的意义上来说，新经验类信息的编写要把握住两条原则：一是做法必须有创新。用老办法解决新问题，容易犯经验主义错误，也很难、很好地解决问题；二是成效必须要显著。光注重创新，没有实际效果，说明是纸上谈兵，没有推广借鉴的意义和价值。

下面两篇信息，反映的就是在环境监测培训工作和环境风险防范上，各单位结合实际，通过采取一系列措施，收获的新经验。

例 7：桐乡监测站三个“一遍”开创业务培训新模式

环境监测站作为一个承担全市环境监测任务的主要技术单位，其监测能力高低直接左右着服务环境管理的水平。桐乡监测站针对近年来监测队伍不稳定，人员流动性大的特点，为对新进监测人员进行有效的培训，该站结合工作实际，创立了一套“讲一遍、做一遍、考一遍”的培训新方式。

“讲一遍”。即新进人员通过事先深入学习各类检测方法、实际实验操作后，将所掌握的知识形成书面材料，以幻灯片播放、现场讲解的形式，展现给监测“熟练工”，然后由监测站站长、工程师、监测能手等组成的专家组进行现场提问与经验分享。“做一遍”。即新进监测人员对每个考核分析项目进行现场演示一遍，由专家考核组打分评比。“考一遍”。即以理论试卷笔试的方式对新进人员所掌握的监测分析知识进行考核。

“讲一遍、做一遍、考一遍”的培训新方式打破以往新人作为“被培训者”的被动局面，换被动为主动，在主动学习、认真讲解、交流探讨中，新进人员巩固了旧知识、掌握了新知识，更是得到了“前辈们”多年实战经验。（摘自：中国环境监测总站网站）

信息点评：环保要有地位，监测首先要有声音。监测数据是环境监测的生命，要想提高监测数据的质量，加强人才队伍建设是关键。某监测站针对人员更迭速度快的现实情况，为使新入职人员能尽快独立开展工作，贴近该站实际，对培训工作方法进行了改进和创新。创新没有一个固定的模式，就三个“一遍”的培训方法来讲，让新入职人员很快了解环境监测，并在短期内就形成了监测能力，这就是一个好方法。这篇信息反映的内容与目前正在开展的大培训契合度高，作为经验展示交流，起到了应有的作用。

例 8：2012 年广西环境风险防范工作取得明显成效

2012 年 1 月，广西发生龙江河镉污染事件后，自治区党委、自治区人民政府高度重视，陆续出台了《开展以环境倒逼机制推动产业转型升级攻坚战的决定》和 33 个配套文件。根据自治区党委、政府对大排查大整改工作的部署，该厅组织开展了一系列风险防范措施，并取得明显的成效。全年该区共发生突发环境事件 20 件，较 2011 年减少了 11 起，同比下降 35.5%。其中，上半年占 16 起（较大以上突发环境事件 4 起），下半年仅发生 4 起且均为一般突发环境事件，全年突发环境事件整体明显下降。主要做法包括有以下几个方面：

一是开展全区重点行业风险大排查。从 2012 年 3 月起，开展了环境安全风险隐患大排查，共排查了相关企业 2 681 家，查出存在环境风险隐患问题企业 1 785 家。截至 2012 年 11 月底，全区 1 785 家隐患企业，已完成整改 1 168 家，正在进行整改 574 家，全区整改完成率 65.4%。

二是开展重点行业专项行动。结合大排查大整治工作，严格整治重金属采选冶炼、电镀、皮革等重点行业企业环境污染问题，在全区环保专项行动中，检查企业 2.44 万余家次，对 167 家存在环境违法行为的企业进行立案，对 125 家企业进行行政处罚。自治区级挂牌督办 10 个突出环境问题，其中 8 个已基本完成整改，2 个正在整改中。

三是开展环境安全百日大检查行动。全区核查企业（单位）1 103 家、尾矿库 235 个、陆源溢油污染风险防范大检查涉及 9 家，检查可能影响集中式饮用水水源地环境安全的企业 26 家，对存在问题的企业和单位提出了整改要求，并于 2012 年 10 月下旬，组织人员对整改企业开展“回头看”工作。针对全区季节性生产的糖厂、淀粉厂、酒精厂开展污染治理和环境风险防范大排查。

四是开展危险废物大排查。全面排查危险废物产生、利用和处置企业。对全区 364 家危险废物产生单位和 21 家经营单位进行督查和评估，对存在问题的 18 家企业下达限期整改通知。加强对已投入运行的医疗废物处置设施的监督管理，对新建成的危废处理设施进行督查，确保环境安全。

五是加强环境应急能力建设。2012 年 6 月，自治区编委批准设立自治区环境应急与事故调查中心，专职环境应急管理。建立和完善应急值守制度和信息报告制度，确保突发环境事件第一时间接报与报告；制定建立环境应急专家库及管理办法，提升环境事件应急的专家论证、决策和处置支撑能力；建立突发环境事件案例库及预案库，确保在突发环境事件发生时，能迅速、高效响应；建设环境风险源数据库，确定应急工作防范重点区域和重点对象；指导各市、县环保局开展环境应急能力建设，构建全区应急管理网络。（摘自：广西壮族自治区环境保护厅网站）

信息点评：这是一篇很好的介绍经验的信息。龙江河镉污染事件是一次影响范围比较大的突发环境污染事件，从这个事件中该省吸取教训，加大了风险防范工作的力度，通过采取全区重点行业风险大排查、开展重点行业专项行动、开展环境安全百日大检查行动、开展危险废物大排查、加强环境应急能力建设等一系列措施，在实际工作中收到了明显成效。从推广借鉴的意义上来讲，信息应该引起大家共同的思考，把风险防范工作进一步做得更好，减少和杜绝类似事件的发生。

5．环境监测新风尚

简单地说，环境监测新风尚就是指环境监测系统的行业新风气，一种被监测人广泛接受，并奉为普世价值的世界观。一般来说，新风尚倡导对真、善、美的追求，会使人们产生一种精神振奋、心情愉悦和不平凡感受。环境监测新风尚，赋予了监测人特殊的气质和神韵，体现着监测人不平凡的生活品位，以及对美好生活、对本职工作的热爱。

下面的两篇信息，通过对监测人平凡的工作再现，反映了监测人爱岗敬业、忠于职守、无私奉献的优良品格，展现了环境监测良好的精神风貌。

例 9：四川省雅安站准妈妈钱静蓉坚守抗震救灾环境监测应急第一线

“4·20”四川芦山大地震发生后，雅安站在省总站和市环保局的部署下，第一时间投入抗震救灾工作中，作为身怀六甲的雅安站工作人员钱静蓉同志，也毅然投入到抗震救灾环境应急监测第一线。

钱静蓉同志虽然已有5个多月的身孕，行动多有不便，但还是坚守在监测分析工作岗位上，认认真真地按照监测分析方法的相关规范做好各项分析工作。同事们都劝她多休息，她却说，我们雅安受灾，全省环保系统都在为抗震救灾不分昼夜地奋战，我也必须要为灾区老百姓有清洁饮用水水源尽一份力。（摘自：四川省环境监测总站网站）

例 10：嘉兴市站风雪中坚守“河长制”监测工作

近日，受北方强冷空气影响，嘉兴市迎来大范围低温雨雪天气，室外温度极低，地面结冰严重。在如此恶劣的天气状况下，为了及时摸清市本级的19条河道和五县范围内的72条河道的水质情况，嘉兴市环境保护监测站的工作人员不畏严寒，冒着风雪深入到每一条河流，在刺骨的寒风中采集地表河水样品。由于缺少有效的防风防雨防寒配备，站工作人员在采集样品时个个都被雨雪打得湿透，而采样往往要从距河面十多米高的桥上一桶水一桶水地吊上来，采集完样品后每一位工作人员的双手都被冻得通红。为了保障全市人民的饮用水安全，嘉兴站严格按照“河长制”监测方案完成每一条河道的监测任务，即便工作环境再艰苦，工作人员也无怨无悔，仍继续奔赴在河道水质监测的第一线。（摘自：浙江省环境监测中心网站）

信息点评：这两篇信息在内容选材上都很有代表性，反映出了监测团队平凡的工作和生活。那就是面对日常繁重的监测工作没有怨言，在重大突发事件面前没有豪言壮语，在监测科研任务面前忘我工作，他们总是表现出监测人不张扬、不娇气、不浮躁、干多话少的特质。准妈妈参加抗险救灾、风雪中坚守“河长制”，仅仅是这个团队无私奉献的一个缩影，只要留心，你将会发现在我们的身边随处充满着感动。

环境监测，就是这样一个默默奉献的团队，监测人员就是这样一群可敬可爱的同事，在平凡的工作岗位上，他们都在用实际行动证明着对环境保护事业的忠诚，都在用实际行动表达着为发展服好务，为环境把好关，为人民群众健康尽好责的无悔誓言。

综上，我们看出环境监测新思路、新举措、新进展、新经验和新风尚都是监测动态类信息关注的重点内容，这几个方面的共同点是突出一个“新”字。在人们的心目中，所谓的“监测工作”一般都是枯燥的、程式化的东西，想从里面挖掘出新鲜、新奇的信息来很难。但这恰恰是认识上的一个误区。“监测工作”并不是一个概念，而是实实在在的行为，在这些行为中有鲜活的细节（风雪天气的现场监测等），有全新的思路，有新颖的观点，有新鲜的举措（“讲一遍、做一遍、考一遍”的培训新方式等）等。我们只有善于挖掘和发现监测工作中生动新鲜的内容，才能做好信息编写工作。

二、监测动态类信息素材主要来源

写好信息的前提是发现信息的源头，继而收集到足够的信息素材。什么是信息源？就环境监测工作而言，信息源就是我们在监测科研、现场监测、监测管理和其他一切活动中所产生的成果和原始记录，经过加工整理得到的成品，这些都是我们借以获得信息的源头。监测业务信息生成源有很多“看得见”、“听得见”和“摸得着”的固定场所，归纳起来，大体有以下几个方面。

1. 规划计划

所谓规划和计划，就是对一定时期的工作预先做出的安排和打算。它不仅有时间长短之分，而且还有范围大小之别，有综合计划，也有专题计划。有比较长远的、宏大的环境监测工作规划；比较具体的有工作计划；比较繁杂、全面的有工作或活动方案；比较简明、概括的有工作要点。

在这些规划和计划里面蕴含着大量“看得见”的信息，我们应该怎么对信息素材进行取舍和挖掘呢？我们结合信息实例进行介绍。

例 11：国家在“十二五”期间将加大对空气监测能力建设

2011 年 10 月 8 日，在环保部印发的《国家环境监测“十二五”规划》中，将环境监测基础能力工程与环境监测运行保障工程、环境监测人才建设工程一起，并列为“十二五”期间的三大重点工程。在环境监测基础能力建设中，对污染物监测的种类和范围，监测工作的运行机制和保障措施等进一步进行了强化。

按照规划对环境监测基础能力工程的建设要求，在“十二五”期间，空气监测能力建设的力度将进一步加大，将逐步开展空气中汞污染监测，扩大臭氧、细粒子和能见度监测，进一步拓展监测范围；在珠三角、长三角、京津冀地区将开展区域空气质量联防联控监测，新建并从国家网中优选部分大气自动监测点位组成大气区域预警监测网，配备大气流动监测车，补充重金属、挥发性有机污染物、低空雷达装置探测仪、激光雷达及能见度仪等设备，以实现区域空气立体监测能力。

随着“十二五”规划的不断落实，环境监测对污染物的监测范围将进一步增加，联防联控监测网络的建成，将大大提升我国大气区域预警能力。（摘自：河北省环境监测中心网站）

信息点评：国家环境监测“十二五”规划包括的内容很多，这些计划开展的工作都非常重要，如果用一篇动态信息将这些内容全部写完，显然不现实。如果简要对规划进行概述，信息既抓不住重点，在内容上也显得空洞，这就需要我们去寻找规划的亮点。这篇信息将国家计划加大空气监测能力建设作为重点，在局部上对规划的内容进行了编写。信息侧重反映的内容是增加对污染物的监测，加强大气区域预警能力，实现区域空气立体监测能力。与以往采取的措施相比，此次开展区域空气质量联防联控监测，对分析污染成因，将会有更大的帮助。所以信息员从自己的视角，对规划的重点和亮点部分进行了编写。

当然，在这篇规划中还可以有很多亮点，还可以写出很多的信息。我们在挖掘这些信息的过程中，不必求全求大，只需要抓住亮点内容进行采编，就可以写出一篇比较好的信息来。

例 12：蚌埠市环境监测站制定 2013 年质控工作计划

为了建立健全质量管理体系，规范质量管理工作，在总结 2012 年度质量控制工作的基础上，蚌埠市环境监测站针对质控工作中存在的不足，结合本站工作实际及发展需要，制定了 2013 年度质控工作计划。内容包括：加强上岗证管理，做到监测人员 100%持证上岗；加强日常质量管理，严格按照程序文件进行采样、分析，通过实验室内标准溶液比对、标准样品考核、加标回收、现场操作等质控措施对监测人员进行站内考核，按计划对仪器设备进行校准检定及期间核查；加强自动监测质量管理，提高自动监测数据质量；加大巡查力度，各科室质量监督员每季度对本科室进行一次质量监督性检查；加强专业培训，组织技术交流，提高监测人员业务水平；积极参加能力验证及各项考核活动等。

该计划的出台为蚌埠市环境监测站的质控工作提供了有效的制度保障，也为该站进一步加强环境监测质量管理工作，切实提高监测数据质量奠定基础。（摘自：蚌埠市环境保护局网站）

信息点评：这就是从工作计划中采写的一篇信息，信息的内容全部来自于工作计划的安排。信息对工作计划整体概况进行了描述，给读者建立了一个全局的概念，通过这篇信息让读者了解了近期蚌埠市将要开展的重点工作，以及工作的大致内容。如果信息能够写出本年工作计划与以前相比有什么不同，即便是在一个点上的变化，那么这篇信息都将会收到更好的效果。

2．工作总结

当工作进行到一定阶段或告一段落时，需要回过头对所做的工作认真地分析研究，肯定成绩、找出问题、归纳出经验教训，以提高认识、明确方向，把今后的工作做得更好，这些文字表述，就叫工作总结。

在一篇完整的工作总结中，不仅包含工作总体情况介绍，还有做法、成绩、经验和教训，以及对未来的设想，这些都是很好的信息素材。一般情况下，根据信息侧重的角度不同，一份工作总结可以写出几篇动态信息来。下面的两篇信息实例就是从不同的角度，选取工作总结相应的内容进行了信息编写。

例 13：重庆市环境应急监测能力再上新台阶

“十一五”以来，重庆市环境应急监测能力建设取得显著成效。一是应急监测工作纳入环境保护应急管理体系之中，并建立联动机制。《重庆市特重大环境污染和生态破坏事故灾难应急预案》对应急监测的人员构成和主要任务做出了规定；制定了《重庆市突发性环境污染事故应急监测预案》和环境应急监测工作制度，有效保障了应急监测工作的顺利开展。二是强化规划，把应急监测能力建设纳入环境监测总体体系建设之中。国家环境突发事件应急监测项目、重庆市应急体系建设中均纳入了应急监测的内容；在加强硬件建设的同时，开展了应急监测相关软件建设，应急监测能力大幅提升。三是加强应急监测仪器开发利用和应急监测技术储备，扩大了环境应急监测领域。四是探索将应急（流动）监测与常规监测相结合，实现了应急监测设备的有效利用及平战结合，提高了应急监测仪器设备的工作效率。五是强化应急监测演练，保障应急监测预案有效落实，带动了县区环境监测站应急监测水平的提升。（摘自：中国环境监测总站网站）

信息点评：这篇信息就是对“十一五”期间重庆市的应急监测能力进行的总结。从总结的时间跨度来看，应该是取自“十二五”规划的现状与问题部分，在这部分有对“十一五”期间的工作总结，与我们的年度工作总结的区别就是时间跨度大。在总结报告中，信息员截取了重庆市在能力建

设上取得的成就，从五个方面对过去 5 年的工作进行了总结回顾，单独成篇。从信息写作来说，也可以将这 5 个方面当中感觉成就最大的一部分单独来写。当然，如果需要还可以将总结的其他部分，比如存在的问题、未来的发展设想等分别进行编写。

例 14：抚顺市监测站“十一五”期间监测能力建设实现六个跨越

在“十一五”期间，抚顺市环境监测站坚持贯彻发挥先进仪器设备优势和提高专业技术人员业务技能两条腿走路的方针，在不断配备先进监测仪器设备的同时，不断加大监测分析人员的培训力度，下大力气提升监测人员的业务能力和水平，努力使仪器设备的先进性与监测分析人员的主观创造性相结合，最大限度地开发分析人员和仪器设备的潜能，在监测能力建设上实现了六个跨越。

一是从常规监测以外的项目需要委托其他单位完成到独立完成并承担其他市站委托监测的跨越；二是从只能对简单介质的有限项目分析到可对多种介质的更宽范围污染类别和污染因子分析的跨越；三是实验室仪器配备从当初只有少量简单功能大型仪器设备到配备门类齐全、前处理设备完备的先进自动大型仪器的跨越；四是逐步实现实验室从手工分析到仪器自动分析的跨越；五是空气自动监测实现从只反映市区空气质量的常规指标到覆盖全市区域多参数全面表征抚顺市空气质量的跨越；六是质量保证措施从只对分析结果的末端控制到对整个监测工作的全过程控制的跨越。（摘自：辽宁省环境监测实验中心网站）

信息点评：这篇信息与上一篇信息类似，都是根据总结报告成就部分的内容，对过去 5 年来取得的成绩进行了编写。但信息采写的角度发生了变化，上篇信息侧重的是应急监测工作，而这篇信息则对整体监测能力建设进行了编写。总之，不管从什么角度进行切入，只要认真进行挖掘，总结报告的任何一个方面、任何一个局部都可以编写出一篇动态类信息。

3．会议活动

会议是进行议事决策的主要场所，是“听得见”信息的地方。会议中的工作汇报和工作部署，都是重要的信息素材。在采编会议信息时，要注意会议只是信息的外在表现形式，会议的主题和工作部署才是采写的重点。采写会议信息，应突出工作的部署和安排，不必对参会人员、会议的进程、讨论的经过进行过多的描述，更不必对会议的意义进行过分渲染。

会议信息共有三种写作形式：一是以会写会，对会议进行全面报道；二是抓住会议的主题和重点，撰写会议信息；三是以会议为背景，跳出会议写会议。通常情况下，我们一般采用第二种写作方法。下面就结合实例进行介绍。

例 15：中国环境监测总站在创新务实和为民清廉中 贯彻落实 2013 年度全国环保会议精神

1 月 28日，中国环境监测总站召开党委（扩大）学习会议，深入探讨如何在工作中贯彻落实 2013 年全国环保工作会议精神。会议指出，下一阶段要以创新、务实、为民、清廉为总要求，扎实做好四个方面的工作：一是以创新为动力，认真谋划好新形势下环境空气质量新标准监测工作；二是以务实为要求，努力提高服务环境管理和宏观决策的技术支撑水平；三是以为民为宗旨，积极回应社会公众对环境质量的知情权；四是以清廉为准则，大兴改进工作作风和密切联系群众之风。（摘自：中国环境监测总站网站）

信息点评：这篇信息的素材就是来自于会议。这是一篇写得比较好的信息，这篇信息的写作方法就是我们刚才说的第二种方法，也是我们平时采写会议信息时经常被采用的一种写作方法。信息没有对会议的规模、会议的过程进行过多的描述，而是直奔主题，重点写出了会议研究贯彻落实的结果，干脆利索，直截了当。

在我们平时写作会议信息的时候，总是想将会议的内容写得很全面，所有领导的发言，甚至所有的参会人员都想写上，但会议的内容却寥寥几笔，其实这是一个误区，犯了本末倒置的错误。因为，一切形式都是为内容服务，会议形成的成果、会议的要求、会议的工作部署才是会议的核心，才是我们重点采写的内容。

例 16：河北省站立足高端发展谋划监测大楼项目 建设

2013 年 5月 22日，河北省环境监测中心站召开站长专题会议，针对监测大楼建设立项问题进行了研究。会议决定成立项目筹备工作组，由谷嵩副站长任组长，严永路总工任副组长，同时抽调专人具体负责项目前期的各项工作。

会议强调，新监测大楼项目是事关省站长远发展的一项重点工程，建设项目的启动，必将为省监测站的全面建设奠定坚实的基础，全体人员要迅速行动，全力以赴，把监测大楼项目谋划好、落实好。谢剑锋站长指出，监测大楼项目谋划要立足高端发展，围绕水、气、固废（土壤）三大类监测项目进行全面科学规划，按照一流省站的标准，对项目进行超前设计，为省监测站未来发展预留足够的空间，确保 10～20 年内建设项目不落伍。

会议还对近期的筹备工作进行了安排部署。一是政策咨询。向各行政主管部门进行咨询，充分了解城市规划、城市基础设施配套等政策要求；二是开展调研。收集加强环境监测能力建设的各种文件、标准资料，并实地考察先进站样板工程，为建设项目搜集立项依据；三是编制建设项目建议书。在原有二嘿英建设项目的基础上，对建设内容进一步完善，按照建设一流省级环境监测站的标准，对建设项目进行编制；四是尽快邀请规划设计单位对大院进行整体规划，按照厅领导指示精神要求，拿出几套备选方案，为下一步建筑设计奠定基础。（摘自：河北省环境监测中心站每周工作通报）

信息点评：这篇信息的素材也是全部来自于会议。会议开篇介绍了什么时间，召开了一个什么会议，会议研究了什么问题，会议作了什么决定，用很少的文字就将会议的大致轮廓介绍清楚。接下来，将监测大楼要按照什么标准去建设，都应该包括什么具体内容，会议经过讨论所形成的共识进行了介绍。在信息的最后，就如何做好监测大楼建设筹备工作进行了具体的安排部署。信息员牢牢抓住了采写会议的重点，信息逻辑清楚，结构完整，是一篇比较好的动态类会议信息。

4．专项行动

在日常的监测工作，我们接触到了专项行动有很多，质量提升年、污染减排百日行动、整治违法排污企业保障群众健康环保专项行动等，名字也是各种各样。但目的是相同的，就是想通过开展专项行动，把这项工作做得更好。比如各级环保部门围绕污染减排、流域治理、重金属污染防治、生态建设等每年都会组织专项行动。我们环境监测围绕环境监测质量管理、监测预警等也分别采取不同的形式，开展环境监测专项行动。

对于这些专项行动，我们在进行信息采编时，应该收集什么素材呢？这些素材应该在哪里获取呢？下面结合两篇信息实例进行介绍。

例 17：青岛市空气质量提升监测中心站在行动

2013 年，青岛市首次开展空气质量提升行动，青岛市环境监测中心站在市环保局统一部署下，采取措施，积极应对，按照青岛市大气污染综合防治总体部署和要求，结合“大干 300 天环境空气质量提升行动”，切实落实好环境空气监督监测的各项工作。目前，环境监测中心站开展了全市辖区内总悬浮颗粒物手动监测点位的优化布点，每个区市各选择 2 个，全市共选取了 22 个点位，并规定监测周期为一年，每季度监测一次。同时，结合各区市大气子站的监测数据，对辖区内的各区、市环境空气改善度进行监督评价。

此次专项应为空气质量提升环境监测行动，一是有利于青岛市大气污染防治的全面检查、考核，对各项整治措施及成效评估、总结经验、分析查找问题将起到积极推动作用。二是对新的环境空气质量标准的进一步实施，着力治理灰霾污染，保障人民群众身体健康，研究下一步治理措施，提供可靠的技术支持。（摘自：青岛市环境保护局网站）

信息点评：任何一项活动都会有工作方案，有活动安排或者开展活动的通知，当然专项行动也不例外。在这些书面的文字材料中，我们都可以得到我们想要的内容。如果要对专项行动进行系列报道，那么，开展专项行动的背景、方法、步骤、内容、专项行动的进展、专项行动的总结等这些都是编写信息的素材。

在这篇信息中，开头对开展专项行动的目的进行了介绍，随后，对活动在全市辖区内的总悬浮颗粒物手动监测点位的优化布点的内容、开展方法，专项活动开展的时间周期等进行了说明。信息的要素很完整，对专项行动的来龙去脉介绍得很清楚，是一篇采写专项行动的好信息。

例 18：2013 年宁波市主要饮用水水源藻类水华预警专项工作启动

随着天气的逐渐转热，2013 年 5 月，宁波市主要饮用水水源藻类水华预警专项工作正式启动。宁波市环境监测中心将继续对辖区内的 35 个主要饮用水水源地进行藻类水华预警监测，以全面、及时地掌握宁波市重要水源地藻类水华发生动态，切实保障宁波市的供水安全。

根据前几年的水华预警监测经验及相关研究成果，5月起又进入了藻类水华的高发期，水华发生风险增大。本次水华预警监测分为两部分，一是与藻类生长密切相关的 7个理化指标（水温、透明度、pH、溶解氧、高锰酸盐指数、总磷和总氮），反映藻类生长的营养条件以及其他环境要素；二是反映藻类生物量、危害性等信息的叶绿素 a，藻类优势种和藻毒素 3 个生物指标。在此基础上，中心还将对蓝藻较多，存在潜在藻毒素产生风险的水库进行产毒基因分析。另外，今年监测中心将继续在常规手工监测基础上，结合浮标站自动监测数据，对藻类生物量的动态变化进行监控。对水华发生风险较大水体增加监测频次，以更科学地为管理部门提供决策支持。（摘自：浙江省环境监测中心网站）

信息点评：这是采写太湖藻类水华预警专项工作的一篇信息。信息首先介绍基本情况，包括该专项行动开展的时间、基本内容及目的，然后详细介绍了专项行动开展的背景、内容，以及下一步工作计划和采取的措施，满足了政务信息的基本要素。

5．检查督导

在我们日常工作中，经常会接受或参与针对各类工作的检查督导。检查督导的目的是发现问题、解决问题、掌控全局、辅助决策，以保证工作的稳步推进和顺利完成。所以，在检查督导的过程中，特别是检查后，一般都会有一些结论性的评述，有局部的，也有全面的，这些都是鲜活的好信息。

在编写此类信息的时候，不仅要有检查督导活动的经过，结论性的评价也是必不可少的内容。

例 19：重庆市环境监测中心大力开展质量管理督查　提升全市监测数据质量

2012 年，为了全面提升全市的环境监测质量，促进环境监测年度目标任务的圆满完成，有效发挥环境监测的技术支撑作用，重庆市环境监测中心按照重庆市环保局“关于开展环境监测质量督查工作的通知”要求，10月份在全市范围内组织开展了环境监测质量督查活动，全市 30个区县级监测站接受了检查。

此次检查内容主要涉及环境质量监测、污染源监测任务完成情况，环境监测质量控制工作情况等多个方面。督查过程中，督察组严格按照“重庆市环境监测质量管理督查内容及评分细则”的要求，从 7 个方面 38 条对各区县环境监测站的监测质量管理和监测工作开展情况进行了全面的检查和现场指导，并及时公布检查结果，督促纠正及整改，促进年度监测工作的顺利落实。

督查结果表明，各区县环保局及监测机构在市局的正确领导和监测中心的技术指导下，能紧紧围绕“重庆市环境质量管理规定”和年度“质量管理计划”开展全年的质量管理工作，全市的监测质量管理正逐步走向程序化和制度化，数据质量有了明显改善。

此次督查工作的开展，不仅反映了目前重庆市各级环境监测站的监测质量现状，也暴露出日常监测工作中存在的质量隐患和薄弱环节，同时也为今后不断改进重庆市的质量管理提供了依据和基础，对全面提升重庆市的环境监测质量起到了积极的推动作用。（摘自：重庆市环境监测中心站网站）

信息点评：这篇信息的要素很完整，开篇导语部分对开展质量管理督查的目的、背景、督查的时间、督查的对象进行了介绍。接着对督查工作所涉及的环境质量监测、污染源监测任务完成情况、环境监测质量控制工作情况等方面的内容进行了说明，还对督查的相关要求和规定进行了重申。编写思路非常清楚，结构也非常完整，信息的结尾对督查情况进行了总结，不仅反映了成绩，还指出了不足。应该说，这是一篇很好的对事件进行报道的信息。

例 20：山东省济南市完成环境监测工作质量专项检查活动

按照省环保厅下发的《转发〈关于印发环境监测工作质量专项检查实施方案（2012—2013年）的通知〉的通知》（鲁环办函[2012]146 号）文件要求，济南市环境监测中心站开展了对辖区内环境空气质量自动监测、地表水环境质量自动监测和污染源自动监测质量专项检查工作。

济南市站对专项检查工作高度重视，专门成立了三个专项检查工作小组，分别对环境空气质量自动监测、地表水环境质量自动监测和污染源自动监测质量开展专项检查。此次检查工作采用自查、审核、现场核查相结合的方式开展，市站组织相关企业及运维公司对所管辖的监测站点设备进行自查、填写自查表，各企业和运维公司将自查表统一汇总到济南市站，市站检查小组分别对各自查表进行审核，对存在问题或有疑似问题的站点进行重点核实，并抽取部分站点进行现场核实。

此次专项检查内容详细，涉及自动监测设备的安装验收、日常运行管理、运维制度执行、现场监控和数据传输、质量保证和质量控制、数据管理与审核以及档案管理、自动监测质量基础保障等方面。专项检查统计结果显示，各自动监测设备运行良好，自查总体情况良好，无明显不规范的情况。

此次专项检查，加强了济南市环境空气质量自动监测、地表水环境质量自动监测全过程质量管理和污染源自动监测数据有效性审核工作的管理，对于完善济南市环境空气质量、地表水环境质量和污染源自动监测的监督检查和综合考评体系，提高济南市环境监测工作质量，确保监测数据的代表性、准确性、可比性、完整性和真实性，全面提升监测数据的公信力和权威性，

具有重要意义。（摘自：环境保护部门户网站）

信息点评：这篇信息与上篇信息一样，都是对检查工作情况反映。一般来说，对事件进行动态报道，只要包含目的、背景、时间、内容、对象结果等几个要素，就基本可以形成了一篇完整的信息。

编写专项行动也好，检查督查也罢，我们普遍存在的一个问题，就是总愿意对这项工作发表一些主观评价和议论。殊不知动态信息它讲究的是对客观存在的真实反映，不应该有主观评价。

6．领导活动

领导活动与检查督导有一些类似，但又有很大的区别。首先，领导活动是领导亲自参加的调研，而检查督导则可以是上级机关非领导人员，代表机关来履行职责；其次，检查督导针对的是特定的一项工作，而领导调研的内容则相对比较广泛，可以是一项工作，也可以是几项工作。

一般情况下，当上级领导到一个单位进行调研的时候，下级单位总是希望将单位取得的成绩全部展示给领导，这期间领导活动的内容可能很丰富。但是作为信息员要把握住领导调研的重点内容，在信息内容的安排上要注意详略得当，对于与本次调研无关的内容可以一笔带过，对领导调研的重点和重要讲话要不惜笔墨。下面两篇信息，就很好地把握住了这些技巧。

例 21：环保部周建副部长检查总站惩防体系建设

2013 年 1 月 23 日，周建副部长率领中纪委驻部监察室、人事司、机关党委等同志莅临总站检查指导惩防体系建设情况。周建副部长首先观看了空气质量实时发布系统，周建说，总站在 2013 年 1 月中旬全国发生大范围雾霾天气时做出了大量卓有成效的工作，对环保部应对极端天气事件发挥了重要作用，并介绍了此次检查工作的目的和要求、主要检查内容，以及检查的方法和步骤。

总站从抓教育正风气、抓制度严要求、抓监督促落实、抓作风树形象等 4 个方面汇报了 2012 年度总站推进惩治和预防腐败体系建设情况。周建副部长听取汇报后，对总站过去一年来抓党风廉政建设和反腐败工作取得的成绩给予了充分肯定。他指出，总站的惩防体系建设与业务工作紧密结合，取得了良好的效果，许多做法值得在全系统推广和借鉴。要求总站以生态文明建设为统领，全面推进单位业务、技术、科研能力和文化建设，站在环境监测系统顶层设计的高度，科学谋划“十三五”时期发展战略，早日实现技术研究性单位的发展目标，建成国际一流的环境监测站。（摘自：中国环境监测总站监测工作动态）

信息点评：这是一篇周建副部长到总站检查指导惩防体系建设情况的信息。信息开篇直接点明此行的目的，对周建副部长观看空气质量实时发布系统进行了略写，对总站汇报 2012 年度推进惩

治和预防腐败体系建设情况，以及周建副部长对检查工作的评价进行了重点介绍。整篇信息将周建副部长的讲话和要求贯穿始终，做到了重点突出，信息员对领导活动信息的编写技巧把握较好，是一篇很好的动态信息。

例 22：环保部吴晓青副部长调研上海环境空气质量新标准监测发布实施情况

2012 年 10月 11日 至 12日，以吴晓青副部长为组长的空气质量新标准实施情况现场检查组一行 7人，到上海市检查空气质量新标准监测发布实施情况。

在上海市环保局张全局长的陪同下，检查组首先来到了卢湾师专附小，实地察看了国控站点自动监测仪器的安装和运行情况，随后到上海市环境监测中心详细检查空气质量数据接收、审核、日报、预报、发布等一整套工作流程的实际运行情况，最后听取了中心关于新标准监测发布实施情况的汇报。

吴晓青副部长充分肯定了上海市为全面实施空气质量新标准所做的准备工作。他指出，空气质量信息发布必须让老百姓听得懂、看得明白，因此，除了发布空气质量指数及评价级别外，还必须同步发布对市民的健康提示。上海的准备工作开展得早，并且有着较强的技术支撑，设备全部到位且运行正常，质量控制有保障，已基本具备按新标准发布空气质量信息的硬件条件。希望上海市加快完善空气质量实时发布系统，尽快按新标准实时发布空气质量信息。（摘自：中国环境监测总站网站）

信息点评：这是一篇吴晓青副部长到上海市检查空气质量新标准监测发布实施情况的信息。信息对调研活动的重点把握十分到位，全篇信息全部围绕吴晓青副部长此行的重点内容展开。与上篇信息在写作上的区别是，将整个调研活动分成了两部分，先检查参观，再发表重要讲话，这也是一种写作形式，这种写法使得吴晓青副部长的重要讲话很连贯，也是一篇好的动态信息。

7．其他

在信息收集上，除了上述几种常用的信息收集方法以外，还有很多，比如：从往来信函、业务单位来访、各种闲聊，对事件进行追踪，即以事件发生、发展的全过程或工作落实的各个阶段为线索，追踪收集不同时期、不同阶段的情况等，只要留心和深入挖掘都可以收集到很好的信息。

信息综述：综上所述，我们可以发现信息素材都有固定的场所，在实际工作中不是没有信息，而是缺少发现，只要我们抓住上述几个获取信息的场所，一般重大信息都不会出现漏报。再通过从不同角度进行切入，对信息素材进行深入挖掘，就基本可以写出一篇很好的动态信息来。

三、监测动态类信息编写的原则与要求

监测动态类信息作为监测业务信息的一个类别，它与监测业务信息一样，均要遵循“领导想知道什么”和“想让领导知道什么”的写作原则。从一定意义上讲，只要方法得当，发现一条有价值的信息并不难，而要写出一条出彩的信息却并不容易。所以，这就需要我们对动态类信息的写作要求，有一个全面的把握和了解。

1. 一事一报

动态类信息与综合调研类信息最大的区别是在对事物的综合归纳上，动态类信息是对一件事物的外在表征的描述，而综合调研类信息是通过对事件的大量分析归纳找到事物之间内在因果关系。所以，一事一报是对动态类信息采写的基本要求。

例 23：西安市站完成“以奖促治”农村环境质量专项监测

为进一步改善农村环境质量，持续推进农村环境综合整治工作，根据西安市环境监测工作要点安排及陕西省环境监测中心站的要求，2012 年西安市环境监测站继续在本辖区内开展“以奖促治”农村环境质量试点监测。今年的农村环境试点监测村庄在 2011 年西安市临潼区徐杨街道徐杨村的基础上，新增了蓝田县三里镇秦家寨。具体工作内容包括村庄背景调查、空气环境质量监测及地下饮用水水源水质监测，还在新增试点秦家寨开展了土壤监测。

为了做好此项工作，西安市环境监测站积极部署，对 2 个地下水监测点、2 个空气监测点、15 个土壤监测点位进行了现场勘察、布点、采样和分析。7 月中旬，由市站生态室人员前往徐杨村和秦家寨进行村庄背景调查，并采集地下水和土壤样品，交由水室进行分析，对土壤中的个别项目还委托国土资源部西安矿产资源监督检测中心进行分析。在市站的指导下，由临潼和蓝田两个区县站完成环境空气质量监测，5 月和 10 月各连续监测了 5 天。目前，该专项监测已经完成，监测报告及数据成果已上报省站。

监测结果显示，徐杨村环境空气中 NO_2、SO_2日均值均达到《环境空气质量标准》二级标准。5 月份监测结果中 PM_{10}日均值有 1 次超标，10 月份 PM_{10}日均值全部超标，最大超标 0.413 倍，这与徐杨村地处黄土高原，受西北地区干旱少雨气候条件影响有关。徐杨村地下饮用水 23 个项目中，氟略微超出《地下水质量标准》Ⅲ类标准限值，其余项目均达标。秦家寨空气，地下水和土壤均未有超标项目出现。（摘自：西安市环境监测站网站）

信息点评：在我们目前报送的信息中，都基本能做到一事一报。动态类的一般都处在运动变化过程中，所以在对事件进行报道时，要做到有头有尾，对事件的发展应该有一个结果。这篇信息的要素比较完整，从“以奖促治”农村环境质量专项监测的目的、专项监测开展的时间、专项

监测的具体内容、保证监测工作正常开展采取的措施，到活动的开展情况，最后还对监测结果进行说明。信息做到了有始有终，对整个事件进行了全面的介绍，信息写得很好，符合一事一报的写作要求。

例 24：深圳市环境监测系统组织开展大练兵、大比武活动

深圳市环境监测系统积极响应环境保护部关于《全国环境监测质量管理三年行动计划》及《广东省 2009 年环境监测质量管理重点工作安排》，结合 2009 年工作部署，精心组织开展大练兵大比武活动。大练兵着重于理论知识的学习和操作技能水平的提高，强化培训制度，强力推进科室、监测站和全市开展三级培训，加强比对和能力验证，建立大练兵档案，进行实战演练和考核，同时要求每人每半年至少提交一篇个人工作经验总结和国内外最新监测动态。大比武分三个层次开展，一是各科室内部监测技能比武，进行理论知识和实操考核；二是开展科室间知识竞赛，三是组织全市监测技术比武，检验全市各监测站的综合监测能力。通过大练兵大比武，一是加强市区监测人员监测技术的操练，二是强化市区两级监测站的联动机制，三是统一监测技术规范，推广各单位优秀经验和做法，实现全市监测能力的提升。

深圳市环境监测系统积极响应环境保护部关于《全国环境监测质量管理三年行动计划》及《广东省 2009 年环境监测质量管理重点工作安排》，结合 2009 年工作部署，精心组织开展大练兵大比武活动。

大练兵着重于理论知识的学习和操作技能水平的提高，强化培训制度，强力推进科室、监测站和全市开展三级培训，加强比对和能力验证，建立大练兵档案，进行实战演练和考核，同时要求每人每半年至少提交一篇个人工作经验总结和国内外最新监测动态。大比武分三个层次开展，一是各科室内部监测技能比武，进行理论知识和实操考核；二是开展科室间知识竞赛；三是组织全市监测技术比武，检验全市各级监测站的综合监测能力。通过大练兵大比武，一是加强市区监测人员监测技术的操练，二是强化市区两级监测站的联动机制，三是统一监测技术规范，推广各单位优秀经验和做法，实现全市监测能力的提升。（摘自：中国环境监测总站网站）

信息点评：这篇信息相对来讲，写得不是很好。从这篇信息的标题“深圳市环境监测系统组织开展大练兵、大比武活动”中，我们得到的信息应该是这项活动正在开展或者已经开展完毕，按照突出动态的写作要求，信息的内容就应该包括：在什么时间、什么部门组织开展了这项活动，有多少人参加，都比赛了什么项目，最后取得了什么成绩，这才是一个完整的事件报道，但是在这篇信息的中，我们找不到这些内容，信息不符合动态信息要突出事物运动变化的写作要求。即便是将这篇信息的标题改成：深圳市环境监测系统筹划开展大练兵、大比武活动，但信息的要素也仍然不完整，即便是再简练，也最少应该有大比武的具体内容，时间安排，参加的人员范围。由于信息写作的条理不清，思路混乱，所以才造成了目前什么都不像的局面。

2．简明扼要

动态类信息的突出特点是短小便捷，要用最少的文字表达出在“干什么”或“实际工作中发生了什么”，信息的叙述要简明扼要，切不可贪大求全，面面俱到，以致枝蔓过繁，淹没主题。对于与信息主题既没有关系，也不能起到烘托作用的内容，要统统删除。信息导语部分要简练，避免造成信息入题太慢，背景材料的使用要适可而止，能烘托出主题即可，对于那些套话、废话，包括那些正确的大话、空话要坚决不用。

例 25：武汉市首个区级空气质量监测自动站投入使用

10月24日，武汉市江汉区南部地区首个空气质量监测站建成并投入使用。该站引进了美国、澳大利亚等地的世界一流环境空气自动监测设备，能对 $PM_{2.5}$、PM_{10}、CO、SO_2、NO_x、臭氧等环境空气质量新标准的 6 参数指标进行 24 小时连续监测，并能实时远程传输数据。江汉区也成为武汉市区级环境空气质量监测网络中首个可以监测 $PM_{2.5}$、臭氧等新增项目的站点。（摘自：中国环境监测总站网站）

信息点评：这篇信息一段成篇，主体部分开门见山，直接道出 10 月 24 日发生了什么事情。接着对首个监测站的设备来源、性能以及具备的能力，进行了详细的介绍。通篇围绕首个区级空气质量监测自动站展开，主体部分要素齐全，内容完整，语言简练，信息虽然不长，但是已经把所要表达的事情交代得清清楚楚。

例 26：陕西省环境监测中心站开展 2012 年度内部审核工作

为巩固和进一步提高环境监测质量管理体系建设成果，持续提升环境监测工作效能，根据陕西省环境监测中心站 2012 年内审计划，陕西省环境监测中心站于 2012 年 10月 30日至 11月 1日，如期开展了年度内部审核工作。

此次内审，全站上下高度重视，由站总工程师高雪玲同志主持召开内审工作会议，进行了具体而周密的安排部署，站长黄国全同志专门就此作了明确要求。今年的内审工作队伍主要由相关科室负责人和技术骨干组成，由长期负责和参与质量控制工作的任红萍、施敏敏、李合义三位分别任三个评审组组长，严格依据《实验室资质认定评审准则》和站内第五版体系文件规定要求，通过查、看、问等多种形式，对涉及十个业务科室及最高管理者、技术负责人、质量负责人的数十项控制目标进行了全面的检查校验，并逐项予以记录。

通过本次内部审核，对各部门落实《实验室资质认定评审准则》中有关的 19 个要素所对应的质量要求进行了重点检查，同时对影响质量控制的相关环节进行了抽检。总体看：在质量体系运行中，各科室、各岗位职责明确，并得到落实，从接受客户委托、合同评审、监测方案制订、采样、分析、数据处理到结果报告，均能按程序规定的要求进行质量控制。但在仪器设备使用和维护、记录、内务等方面还存在20多项控制薄弱性指标。

内部审核工作是省环境监测中心站一项长期、一贯且行之有效的规范化管理举措，对于全面促进站质量管理体系的有效性和符合性发挥着不可替代的重要作用，同时也为各科室相互交流、相互学习、相互提高搭建立了一个很好的平台，增加了工作的透明度，增进了各科室的沟通和理解，推动了整体工作持续进步。

作为质量管理措施，内审工作在实践中走过了相当长一段历程，其基本原则和管理体系日臻完善，如何进一步落实好本项工作制度仍值得我们认真去思考、去研究、去总结，为使之发挥更为充分的潜力：

一是加大教育培训力度，进一步提高队伍整体质量第一责任意识，使内审工作切实落到实处。

二是把内审工作与精细化管理有机联系与结合，按照精细化管理要求，优化并提升内审管理水平。

三是质量控制是一项多层次、多侧面、多环节和多指标管理活动，内审的相关力度和广度均应持续探索和改进，唯其如此，才能做到多管齐下，强化质量控制的目的。

四是应着力创新管理模式，不断丰富内部审核工作内容，努力适应环境监测工作的新情况、新特点、新需要。（摘自：中国环境监测总站网站）

信息点评：这篇信息与《武汉市首个区级空气质量监测自动站投入使用》形成的反差比较明显，信息显得过于啰唆，不够简练。首先，从第二段开始，就出现“全站上下高度重视”这类的套话，整段内容都显得不够简练，多余的话很多。其次，这篇信息的前三段分别包含了开展内部审核工作的总体安排、人员组成、考核内容和考核结果，这些内容已经达到了一篇完整动态信息所规定的要求，只需要将语言进一步锤炼，就可以了。但是，信息的最后，却用一页的篇幅描述信息的重要性以及如何落实内审工作制度。从这篇信息的整体来看，明显是没有掌握动态类信息的写作要求。

3．叙述为主

动态类信息讲究的是对一件事物的外在表征的描述，也就是说，它只是准确地反映客观情况的发生、发展、终结及其进程、规律、特征、效应等，这就要求我们在编写动态类信息的时候，要如实地进行报道，语言运用要以叙述为主，不去议论和预测。

例 27：山东省土壤污染状况调查取得重要成果

2010年4月，山东省土壤污染状况调查工作结束。调查工作按照土壤环境质量状况调查与评价、土壤背景点环境质量调查与对比分析、重点区域土壤污染风险评估与安全性划分3个专题内容，通过土壤污染状况调查点位布设、样品采集、运输与保存、建立土壤样品库、分析测试、质量保证与质量控制、数据库建设、数理统计与评价、成品集成等9个步骤，布设了3 191个调查点位，获取了30多万个监测数据，建立了全省土壤污染状况调查数据库和样品库，形成了山东省土壤污染状况调查报告、山东省土壤污染状况调查数据统计与评价、山东省土壤污染状况调查图集、山东省土壤污染调查工作报告，山东省土壤污染状况调查质量控制与质量保证报告、山东省土壤污染调查状况调查文件与资料汇编等一批成果。（摘自：山东省环境监测中心站网站）

信息点评：这是一篇反映土壤污染调查情况的动态信息。信息围绕土壤污染调查这个事件的时间进程，对三年来所做的工作进行了总结。对从土壤污染状况调查点位布设，样品采集、运输与保存、建立土壤样品库、分析测试、质量保证与质量控制、数据库建设、数理统计与评价、成品集成等9个步骤，到获取数据，建立数据库和样品库，最后形成成果进行了介绍。历时三年的土壤污染调查，从最初的无设备、无技术，到最后形成一批科研成果，这期间我们遇到了太多的困难，但全篇信息只是对整个事件进行客观再现，没有发表任何主观评论，由此可以看出，信息员较好地掌握了动态信息以叙述为主的要求，是一篇很好的动态类信息。

例28：国家背景空气自动监测网喀纳斯站开始试运行

近期，国家背景空气自动监测网喀纳斯站正式投入试运行，并于2012年11月4日下午向中国环境监测总站传送了实时数据。目前，该背景站主要监测项目为：二氧化硫、二氧化氮、一氧化碳、臭氧、PM_{10}和$PM_{2.5}$。

为保证数据的代表性，喀纳斯背景站建在喀纳斯自然保护区布尔津县林区，站址所在区域具备完整的自然生态系统，是远离城市和工业带的清洁地区，能客观反映区域环境空气的背景状况。由于地处偏远，在站房的建设和仪器设备安装中，使得阿勒泰地区环境监测中心站工作人员吃了不少苦头。

为使背景站尽快建成并投入运行，11月2日，喀纳斯暴雪后，道路刚刚抢通之际，阿勒泰地区环境监测中心站站长潘旭带领包括仪器厂家人员在内的共10名工作人员，分乘3辆装载仪器的车辆向背景站进发。经过7个多小时的路程，车辆终于到达背景站山脚下。由于车辆无法上山，仪器设备必须由人工搬运上山，大家经过5个多小时的艰辛搬运，终于将全部仪器设备搬到站房。在此过程中，潘旭站长不慎腰部受伤，但他依然坚持与其他工作人员一起进行了仪器的安装与调试。经过2天多的安装调试，11月4日下午仪器安装调试完毕，并成功向中国环境监测总站传输了实时监测数据。就在大家踏上返程之路时，景区第二次降雪又已开始。

喀纳斯背景站的建成运行，将实现对喀纳斯背景区域空气质量状况变化趋势的监控，实现对周边国家及地区环境空气污染对背景区域影响的监控，为国家制定区域环境管理政策提供科学依据。（摘自：中国环境监测总站网站）

信息点评：这篇信息相对比上一篇《山东省土壤污染状况调查取得重要成果》仍有很多需要改

进的地方。首先，这是一篇反映国家背景空气自动监测网试运行情况的信息，信息的内容就应该是反映空气自动站对数据的监测情况。而这篇信息却将建设国家背景空气自动监测网作为背景，将重点转向了建站的艰辛，写成了先进事迹。其次，信息要求的是对客观存在的真实反映，不需要进行过多的评价和议论，从这一点来说，这篇信息只保留第一段就可以了。而这篇信息将大量笔墨用于个人对事件的主观评价，显然与动态信息所要求的以叙述为主背道而驰。

4. 编报迅速

信息编报的时效性是动态类信息的生命。动态类信息作为客观情况特别是运动变化情况的反映，必须及时，价值大小取决于时效，没有时效性动态类信息就失去了它应有的价值。

例 29：李克强总理视察邯郸环境空气质量自 动站

6月 7日 下午，国务院总理李克强视察了邯郸监测中心站空气质量自 动站。在张庆伟省长的陪同下，李克强总理首先视察了邯郸环保局大气监测站点，观看了邯郸市环境监测站全省环境空气发布系统演示，并详细询问了各项污染物监测仪器使用情况。随后，李克强总理察看了省监测站的大气监测质控站点，张庆伟省长介绍了全省空气质量质控站点的工作情况，省环境监测中心站王晓利副站长汇报了全省环境空气质量监测现状，分析了影响河北省空气质量的原因，并介绍了空气质量监测能见度仪、自 动照相系统。李克强总理对河北省在发布实时监测数据的同时还发布实时照片，不仅能看到数据，还能看到实时照片，使群众感受更加直观表示肯定。李克强总理强调，监测信息一定要公开、透明、准确、权威，人民群众知道后才能有效加强自 我保护，同时也为污染治理提供依据。（摘自：中国环境监测总站网站）

信息点评：这篇信息叙述了李克强总理亲自视察空气质量自动站，这对我们监测系统来说是一件大事。对于重要领导的活动，一些重要的突发事件，信息员必须要对信息及时进行编报。从这篇信息反馈的时间来看，信息员把握住了动态类信息编报迅速的要求。

第六章 综合调研类信息写作技法

一、概述

1. 基本概念

综合调研类信息是指人们在获得某一特定对象原始信息或感性认识的基础上，通过调研活动，经过分析研究获得理性、规律性认识的信息。具体内涵可以从以下四个方面理解：

第一，有特定的调查和研究的对象，这个对象可以是某一事件、现象、问题，也可以是某一区域、系统、单位、甚至是个人；第二，调研前已对某一特定对象有了原始信息或感性认识；第三，必须进行深入细致的调查，掌握第一手资料，并保证资料客观真实；第四，必须对调查所得的材料进行深入分析，揭示事物的内在本质和演变规律。

2. 主要特征

综合调研类信息主要有以下特点：

① 针对性。综合调研类信息是通过目标指向相对明确的调研而获取信息。综合调研往往是针对某一特定对象进行调查研究。调研对象可以是事关环境监测的某一事件、成功经验、某一问题。在对一定的原始信息或感性认识的基础上，为进一步得到详情、真相、本质，专门进行调查、研究。编写这类信息，或是为制定政策寻找依据，或是为领导决策提供参考，或是为总结经验教训。

② 典型性。综合调研类信息确定的题材和内容要有典型意义，能够起到从特殊到一般，以点带面的作用，反映环境监测相关问题的本质和规律。通过对个别问题和现象的剖析，总结揭示共性问题。

③ 思辨性。综合调研类信息撰写重点在于调查和研究，在全面掌握相关真实情况的基础上，对问题做出深入分析。在分析过程中，要正确把握事物之间、事物内部要素之间既对立又统一的关系，客观、全面地揭示事物矛盾双方的相互关系。

④ 求是性。综合调研类信息的撰写包含着调查和研究两个方面，调查是“求实”，要

尊重客观实际，全面掌握事物的真实情况。而“求是”则是在求实的基础上深入分析客观表象，以准确把握事物的本质和规律。

⑤ 对策性。综合调研类信息不仅要摆情况、讲问题，更为重要的是深入分析导致问题的原因，进而在此基础上提出解决问题的对策建议。一篇完整的综合调研类信息要发现问题、反映问题，把问题的原因分析透，找出症结所在，最终落脚点是提出解决问题的办法和思路。

3．基本分类

（1）反映监测工作情况的信息

通常来讲，反映情况类信息一般是反映具体情况的专题性调查报告。其调研目的是为了把某一个具体问题搞清楚，调研范围比较单一、具体，报告的内容一般用来作为处理某一具体问题的依据或重要参考。环境监测是环境保护的重要基础性工作，在环境监测事业发展过程中随时都会出现的一些新情况、新变化、新问题，这些都是各级环境管理部门和社会公众关注的重点内容之一。我们要通过业务信息的形式将环境监测工作中的一些值得关注、有较大影响的情况及时传达出去，服务环境决策，满足群众环境权益。因此，反映监测工作情况的综合调研信息的主要内容是监测工作中存在的一些值得重视和关注的新情况，或者某项有重大意义的专项工作开展情况，以体现工作成果和影响，引发环境管理部门和社会民众的关切。此外，还可以结合经济发展、气候变化等因素对某一时间段内某项环境因子的监测结果进行总结分析，阐述变化趋势，分析原因，提出对策建议。

例 1：内蒙古自治区近年沙尘天气发生情况

沙尘暴是一种灾害性天气，强沙尘暴更可以给人民生命财产造成重大损失。为进一步做好沙尘暴监测工作，在中国环境监测总站的大力支持和帮助下，我区 2009 年建立 20 个监测站点的沙尘天气自动监测网，2011 年进入正常运行状态，各站点配有 TSP、PM_{10}、气象五参数、能见度仪等沙尘天气自动监测仪器，采用连续 24 小时实时监测，预测沙尘天气传输路径、等级和灾害程度，及时做好防沙防暴准备，减少灾害和物质经济损失。

近年我站组织全区共 20 个沙尘暴监测网络站对内蒙古沙尘暴进行了全程监测。2011 年我区发生较大规模沙尘天气 6 次，其中 2011 年 4 月 28日至 5 月 2日内蒙古发生了 1 次波及范围广、影响程度大的强沙尘暴，监测数据小时浓度 16.202 mg/m^3，是国家二级日标准的 108.01 倍，能见度最低达 0.613；2012 年全区共发生 9 次较大范围沙尘天气，其中 4 月 18日至 4 月 25日发生的 1 次波及范围广，局部地区发生沙尘暴或强沙尘暴，监测数据小时浓度 11.963 mg/m^3，是国家二级日标准的 79.75 倍。2012 年比 2011 年发生沙尘暴次数增加了 3 次，频次增加、强度减弱，2013年预计沙尘天气会减少。因此我站根据内蒙古自治区沙尘暴发生情况提出防治对策及建议：

一是加强生态建设，合理规划植被类型，增加林草覆盖度。在沙漠地区种植适宜干旱地区生长的植物，如沙棘、梭梭、沙柳等，在沙漠边缘种植适合本地生长的低矮灌木和小乔木，达到固定土壤、降低风速的作用。同时根据沙尘暴发生的源区、加强区别对待，建立不同的生态屏障体系，以减少沙尘暴天气的传输及危害程度。

二是加强生态建设，做好生态规划，科学指导还林还草。在保证基本农田的前提下，扩大绿化造林面积；加大执法力度，严肃惩治破坏草原、毁坏森林的行为。对已沙化的地区开展综合治理，恢复林草植被，建立起良性循环的生态系统和绿色的生态屏障体系，减缓荒漠化进程，促进人与自然的和谐发展。

三是坚持"预防为主、保护优先、防治并重"的生态保护与建设方针。建立和完善生态保护的法规和政策体系，停止导致生态环境继续恶化的一切生产活动，对于超出生态承载能力的地区要采取一定的生态移民措施。善待沙漠、慎重移民。严格控制沙漠开发；尽快在沙漠边缘过渡带建立封育区和自然保护区。

四是强化沙尘暴的科学研究。加强对沙尘源区环境与沙尘运移规律的研究，研究人类活动对于沙尘灾害的影响，研究气候条件对沙化、沙尘天气相互作用的机理，开展未来气候变化状况的研究，同时要加强沙尘暴源区监测网的建设，掌握沙尘暴发生发展的机制和规律，做到对沙尘暴的及时预警预报，减轻沙尘暴灾害的损失，为内蒙古的经济发展提供科学依据。（摘自：中国环境监测总站网站）

点评：这是一篇典型的反映情况型的综合调研信息，主要内容是内蒙古地区2009年以来沙尘天气发生情况，对监测数据进行分析，并提出了防治沙尘天气的对策建议。

（2）总结环境监测工作取得经验的信息

经验类信息是综合调研信息的主要类型之一，这种信息主要是总结经验向上级反映或向下级推广。当某一个单位、部门、个人，在某一方面创造出先进经验时，信息员就要去进行深入调查研究，找出带规律性的东西，加以总结，写成报告，上报下发。这是一种既受领导欢迎，又受群众欢迎的调查报告，也是一种用典型指导工作的有效方法。全国环境监测系统是一支"上下一条龙"的队伍，各地监测部门在工作实践中创造出了大量值得学习的经验，我们要对创造的单位、个人或者某项工作认真调研，归纳总结，形成信息报告，广泛推广学习，为监测工作的有效开展提供借鉴。监测系统的经验应主要来源于：单位整体发展建设、具体工作开展、人才队伍培养、监测科研攻关、能力建设情况等方面。

例 2：严于管理、尽职尽责，努力实现水站建设预期目标

——泸州市新建水质监测站工作经验

我站自 2003 年就建成并投运了水质自动监测站，走过了近 9 年的水站建设和维护管理路程。有艰辛，也获得了成果；有不足，但获得了经验；9 年来，一如既往的组织管理和维护管理工作造就了我站拥有一帮责任心强、质控意识强，能吃苦耐劳，愿刻苦钻研的自动监测系统维护管理员。泸州市环监站工作人员以优良的工作作风、严谨的工作态度和敢于发现并解决问题的精神，于 2011—2012 年按照省站要求先后完成了濑溪河方洞水质自动监测站、长江流域泸州饮用水水源地水质预警自动监测站、长江流域泸州沙溪口水质自动监测站的验收考核工作。

① 领导重视、后勤保障有力；统一思想、提高认识，切实抓好新建水站建设和验收工作。

…………

② 将自动站的基建、验收和培训有机结合，同步进行，为水站的后期的长效稳定运行打下坚实的基础。

1）加强和加快对自动监测新进人员的培训，在工作和学习中对知识、技术技能、经验经历等给予一对一传授。

…………

2）创新培训方式，加大了培训力度。

…………

3）与水站建设和验收所涉及的单位进行主动积极地沟通和联系，从不推诿责任，把在验收工作中发现的问题作为自身的问题予以积极解决。

…………

4）立足方案，尽职尽责，努力实现水站建设预期目标。

…………

5）组织自动站维护管理员继续完成验收后的记录、资料清点、相片拍摄和档案保存工作，不留后遗症。

一是组织自动站维护管理员集体重温了《四川省水质自动监测系统维护管理细则》、《水站日常维护保养细则》和《质量保证与质量控制实施细则》等管理规定，为水站的长效稳定运行和维护管理工作开启了一个良好的篇章。

…………

二是针对各仪器的性能参数和实际情况，将验收前制定的相关维护管理记录进行了修订和完善；制定了站房值守员“日巡视记录”，要求值守员每天分三次对现场的相关数据、采水、配水、供电、空调等运行情况进行记录，发现“不同于正常状态”时必须立即向相关责任人汇报。

…………

三是对现有的采水系统和配水系统存在的问题进行了梳理，现已配合尚洋公司的工程师赴各新建水站，对进样杯和沉淀池进行了改造，对进样杯加装了汽油滤清器，有效降低了进样堵塞和排液不通畅的可能性。

…………

四是对现场的每个系统、每台仪器、每台仪器的零部件、仪器的每一个功能界面和每一组管路进行了照相，主要是更能有效地指导站房值守员处理一些简易的故障和对新进人员进行有效的培训。

…………

五是将现场的纸质资料复印件、备品耗件、工具、管接头进行了分类，并存放于专设的备件柜里。（摘自：四川省环境监测总站网站）

点评：该信息总结了泸州市环境监测站在水质自动监测站建设、运行和维护管理方面的有效做法和成功经验，内容丰富，资料翔实，对此类工作有较大的启示作用。

（3）揭露监测工作存在问题的信息

这种报告主要任务是通报情况，揭露问题，它的主要功能是揭露和批判，探究问题产生的原因，分析问题的症结所在，提供解决问题的思路和方法。调查对象一般是暴露出问题和问题涉及的有关单位和人员。我国环境监测事业经过 30 多年的发展，取得了显著成绩，但是随着生态文明建设的提出和环境保护工作的加强，环境监测在对环境管理进行充分的技术支持方面存在不足，也暴露出一些亟待解决的问题。比如，在监测数据质量行政干扰、监测产品效能不高、监测人才队伍建设滞后等方面存在比较严重的问题。揭露当前监测工作中存在的问题是监测综合调研类信息不可规避的重要内容，要通过扎实的调查研究，对存在的典型问题进行深入剖析，描述问题的客观表现、造成的危害，指出产生问题的原因，提出解决问题的思路和方法。

例 3：建立稳定的环境监测队伍刻不容缓

党的十八大报告将生态文明建设单独成章予以深刻阐述，体现了实现美丽中国和永续发展需要生态文明，需要环境保护。然而，在近期大连市环境监测中心对市级监测站及 5 个县区级环境监测站人力资源情况的调研中发现，作为环境保护的重要技术支撑部门的环境监测队伍建设不容乐观，存在诸多具有普遍性的问题，严重制约环境监测队伍的稳定发展。一是没有足够的人员编制。根据《全国环境监测站建设标准》的要求，东部地区三级监测站人员编制不少于 20 人。在本次调研中，只有 2 个县区监测站达到标准，其他 3 个站均不达标。二是在编不在岗现象十分突出。由于管理部门随意借调、混岗，造成在编监测人员实际上没有从事与监测相关的工作，80%县区监测站的在岗人员数量没有达到《全国环境监测站建设标准》的要求。同时，在岗监测人员不安心本职工作，通过报考公务员或调离等途径流向其他部门。三是专业技术岗位结构比例不尽合理。按照《辽宁省事业单位专业技术岗位结构比例控制标准》，大连市环境监测中心的专业技术岗位的高、中、初级比例必须控制在 2∶4∶4，低于《全国环境监测站建设标准》中二级站高、中级比例要求。由于近年来公开招聘和引进的新职工普遍学历较高，造成具备中级职称资格的人员远远多于能够聘用的名额，许多硕士、学士毕业生具备工程师资格而不能聘用。四是高级技术职称晋级难。现行的职称晋级门槛过高，辽宁省评定高级职称需要具有市级科技进步二等奖以上成果，在大连市这类科研院所和高新技术企业密集的城市，环境监测课题又大多属软课题，监测部门要想取得这样高级别的成果难上加难。因此，造成监测技术人员晋升高级职称困难重重，缺乏职业成就感。五是监测工作艰苦，待遇低。监测任务量逐年增加，监测人员常年超负荷运转，缺乏高空作业、海上作业、有毒有害物质测试及突发污染事故应急监测的相应劳动保护措施，并且，除基本工资外没有任何补助经费。

为尽快解决上述问题，建立稳定的环境监测队伍，推动环境监测工作转型发展，第一，建议环保部门与人事编制部门、人力资源和社会保障部门、财政部门联合出台相关文件，保障足额的监测人员编制和人员经费，发放监测人员特殊岗位补助经费，保证合理的收入水平，避免监测队伍人员流动性过大。第二，建议出台国家层面的环境监测人员保护性政策，比如出台环境监测系统专业技术职称结构比例指导性意见、设立全国环境监测系统科技进步奖并作为职称评定的入门条件之一等，确保高水平技术人员引得进、留得住。第三，建议将《全国环境监测站建设标准》纳入各级政府的工作绩效考核指标，并以此为抓手，进一步强化环境监测人才队伍建设，提升环境监测整体水平。（摘自：中国环境监测总站网站）

点评：该信息属于典型的揭露问题型信息，通过调研对环境监测队伍建设存在的问题进行了揭露，并剖析原因，提出对策。

二、综合调研的选题

在确定综合调研的选题时，通常都遵循选热点、难点、领导关注和具有苗头性、倾向性问题的原则，只有这样才能真正抓住主要矛盾，对事物的发展做出科学的判断，把握当前和将来工作的主动权。因此，监测综合调研类信息在选题上应紧紧围绕环境监测中心工作，以监测系统的重点工作、重大问题和先进经验为主，深入开展调查研究。总体来看，环境监测综合调研的选题应主要涵盖以下三个方面：

1．环境监测热点问题

热点问题是任何领域的综合调研都必须要关注的重点内容之一。环境监测领域的热点问题基本都是事关监测事业发展的关键性问题，能够引起领导高度重视和社会广泛关注，具有极大的研究价值和重要的社会意义。环境监测热点问题通常应从如下三个方面探寻。

（1）从最新环保方针政策中发现环境监测热点问题

环保方针政策往往能够预示下一步环保工作的重点领域和方向，可以判断是否会对环境监测工作产生重大影响，是挖掘环境监测热点问题必不可少的重要来源。因此，作为环境监测部门的信息员，要时刻关注环保领域的发展动态和热点问题，及时跟踪学习国家环保工作的最新方针政策，了解熟悉开展环境管理的模式和方法，以宽广的视野和敏锐的思维从全国环保工作的高度来观察和审视监测工作，发现热点环境问题中包含的环境监测问题。

例如，当前和今后一个时期，生态文明建设将成为引领环保工作的风向标，中央提出要完善经济社会发展考核评价体系，建立体现生态文明要求的目标体系、考核办法和奖惩机制，彻底转变以 GDP 论英雄的观念。对各级政府的环境质量考核将成为下一步的重点内容，而质量考核所需的数据将来自环境监测部门。因此，监测数据用于环境质量考核将成为热点问题之一，围绕这一问题我们可以从不同角度展开调研。大气污染防治也是当前环保工作的重点内容，国务院常务会议通过了“大气污染防治十条措施”，信息员们应当认真研读与监测有关的措施内容，找出可能因此成为热点的环境监测问题，对此展开调研，撰写调研信息。当然，环境保护工作的最新方针政策还有很多，而且会随着时代的发展而不断变化的，在这里本书不一一列举。以上两个例子只是从如何发现问题和思考问题的角度出发，为信息工作者们提供一些启示和借鉴。

（2）要从研究性监测工作中发现热点问题

环境监测部门作为环境保护的技术支持单位，往往会根据环保工作发展趋势，对一些可能成为环境问题焦点的新领域提早开展研究性监测（又称试点监测），以及早掌握实际情况，为应对可能出现的问题做好准备。比如说，中国环境监测总站从 2009 年开始就组织有关地方监测站开展空气中 $PM_{2.5}$ 和臭氧的监测，积累了丰富的经验，为空气质量新标准的制定实施，以及在全国范围内开展新标准监测奠定了扎实的基础。由此可见，研究性监测在整个环境监测工作中具有非常重要的地位，是一项预见性非常强的工作，符合环境监测综合调研类信息选题的苗头性和倾向性原则。当前，监测系统正在开展多项研究性监测工作，比如农村环境监测、土壤环境监测、水生生物监测等，相比早已经成为例行监测工作的领域，这些都是新的监测领域，存在一些具有研究价值的信息或问题，可以成为综合调研类信息的选题。随着环保工作的推进，监测系统的研究性监测领域和项目也会不断变换，但无论哪个领域的研究性监测都在某种程度上代表了监测工作方向，应当引起信息员们的热切关注。具体来说，应当了解某一领域开展研究性监测的原因，熟悉研究性监测的技术路线，监测点位、频次，某段时间的监测结果以及发展趋势，同时对结果和原因进行分析，找准切入点撰写调研报告，引起管理部门和社会公众的关注。

例 4：典型区域环境空气颗粒物 PM_{10} 和 $PM_{2.5}$ 中重金属和多环芳烃含量较高，应引起重视

为落实新修订的《环境空气质量标准》的分期实施要求，监测总站在京津冀（北京、天津、石家庄）和背景点（山西庞泉沟、吉林长白山、湖北神农架和广东韶关国家大气背景站）等典型地区进行了环境空气颗粒物 PM_{10} 和 $PM_{2.5}$ 含量水平及其中元素、可溶性离子和多环芳烃（PAHs）浓度水平和分布特征研究，得到以下主要结论：

一是北京、天津和石家庄空气颗粒物中硫（S）、铅（Pb）、镉（Cd）等元素在 $PM_{2.5}$ 中的富集显著高于 PM_{10}。北京、天津和石家庄三个城市的 $PM_{2.5}$ 和 PM_{10} 日均浓度显著高于空气质量二级标准限值和背景点，背景点 $PM_{2.5}$ 和 PM_{10} 日均浓度低于一级标准限值。在测定的 68 种元素中，钠（Na）、镁（Mg）、铝（Al）、硫（S）、钾（K）、钙（Ca）、铁（Fe）浓度在 0.1~10 μg/m³，硅（Si）、磷（P）、钛（Ti）、锰（Mn）、镍（Ni）、铜（Cu）、锌（Zn）、钡（Ba）、铅（Pb）浓度在 10～100 ng/m³，其他元素含量较低或未检出。其中，北京、天津和石家庄空气颗粒物中硫（S）、铅（Pb）、镉（Cd）等元素在 $PM_{2.5}$ 中的富集显著高于 PM_{10}，通过计算富集因子的结果表明，这些元素主要来源于燃煤、燃油、工业排放、机动车尾气等。

二是京津冀地区 PM_{10} 和 $PM_{2.5}$ 中硝酸根（NO_3^-）、硫酸根（SO_4^{2-}）和铵根离子（NH_4^+）含量显著高于背景点。所有样品中 Na^+、NH_4^+、K^+、Mg^{2+}、Ca^{2+}、Cl^-、F^-、NO_3^- 和 SO_4^{2-} 9 种离子均有检出。其中，Na^+、K^+、Mg^{2+}、Ca^{2+} 质量浓度在 1～10 μg/m³，NH_4^+ 浓度在 1～100 μg/m³，阴离子 F^-、Cl^- 在 1～20 μg/m³，NO_3^- 和 SO_4^{2-} 在 1～100 μg/m³。北京、天津和石家庄 $PM_{2.5}$ 和 PM_{10} 中 NO_3^-、SO_4^{2-} 及 NH_4^+ 显著高于背景点，其他可溶性离子与背景点相比浓度差异不大。

三是京津冀地区 PM_{10} 和 $PM_{2.5}$ 中总多环芳烃浓度分别是背景点的 12 倍和 13 倍，3 个城市的 PM_{10} 中苯并[*a*]芘（BaP）浓度均超过《环境空气质量标准》（GB 3095—2012）的标准限值。多环芳烃是重要的环境和食品污染物，其中有相当部分具有致癌性，如苯并[*a*]芘、苯并[*a*]蒽等。研究显示：京津冀地区 PM_{10} 和 $PM_{2.5}$ 中平均总多环芳烃浓度分别为 62.06 ng/m³ 和 52.47 ng/m³，是 4 个背景点平均值的 13.1 倍和 12.3 倍，且各采样点 PM_{10} 中总多环芳烃浓度均要高于 $PM_{2.5}$。北京、天津和石家庄 PM_{10} 中苯并[*a*]芘浓度分别为 6.05 ng/m³、4.87 ng/m³ 和

6.59 ng/m^3，超过《环境空气质量标准》（GB 3095—2012）中规定的 24 小时平均浓度限值（2.5 ng/m^3）1.4 倍、0.9 倍和 1.6 倍。3 个城市 $PM_{2.5}$中苯并[*a*]芘浓度分别为 6.05 ng/m^3、4.28 ng/m^{3}和 5.70 ng/m^3，虽然《环境空气质量标准》（GB 3095—2012）中没有规定 $PM_{2.5}$中苯并[*a*]芘浓度限值，但四个大气背景点庞泉沟、长白山、南岭和神农架 PM_{10}中苯并[*a*]芘浓度仅为 0.61 ng/m^3、0.22 ng/m^3、0.10 ng/m^{3}和 0.04 ng/m^3，明显低于京津冀地区。此外，京津冀地区 PM_{10}和 $PM_{2.5}$中，苯并[*a*]芘在总多环芳烃中所占比例是全国大气背景点的 1~2 倍。

综上，针对典型区域环境空气颗粒物 PM_{10}和 $PM_{2.5}$组分的初步分析结果显示，硫（S）、铅（Pb）、镉（Cd）等元素在 $PM_{2.5}$中的富集显著高于 PM_{10}；京津冀区域 PM_{10}和 $PM_{2.5}$中多环芳烃含量较高，总多环芳烃浓度、苯并[*a*]芘在总多环芳烃中所占比例均明显高于背景点，PM_{10}中苯并[*a*]芘含量超标。空气颗粒物含量水平及其组分的研究具有重要意义，建议进一步深入开展相关研究性监测工作，了解不同季节颗粒物组分的水平，进而掌握不同地区各种污染物的年均水平和分布特征。开展颗粒物成分的来源解析和影响环境质量的主要因素等方面的研究。制订颗粒物中元素、可溶性离子和多环芳烃等组分的监测技术规定，为说清环境质量状况、污染物来源和发展趋势提供科学依据，同时也为继续做好预警监测，进一步满足人民群众的环境知情权提供技术支持。（摘自：中国环境监测总站重要环境信息专报）

点评：该信息紧紧围绕当前大气污染防治这一热点问题，以环境空气颗粒物 PM_{10}和 $PM_{2.5}$含量水平及其中元素、可溶性离子和多环芳烃（PAHs）浓度水平和分布特征研究为基础，提出了空气颗粒物中的主要成分，并与背景点空气质量进行了对比，为开展深入大气污染防治工作提供了技术支持。

（3）要从社会公众的环境诉求中发现热点问题

随着公众环境权益的觉醒，人民群众对生活区域的环境状况越来越关注，对环境问题的反映也越来越强烈。群众反映比较集中的问题，通常都是确实存在而且严重影响百姓生产生活的重大问题，这些问题应当引起信息员的重视和关注。信息员要通过广播、电视、报纸、网络等多种媒体及时发现并关注群众反映比较集中的环境问题，认真思考，对一些问题从环境监测的角度开展调查研究。有一个典型的例子是，人民群众经常反映自身对环境状况的感受与环保部门对环境质量的评价不一致。老百姓有时候觉得空气质量很差，可是环保部门给出的监测结果却显示空气质量达标，那么造成百姓感受与监测结果不一致矛盾的根源是什么？虽然作为环境监测专业工作者来说理解这个问题非常简单，因为我们的评价标准存在问题。但是对于普通百姓来说，他们并不详细知道环境评价标准是怎么回事，会片面地理解成环保部门不作为、监测部门出假数。这就需要监测部门的业务信息员站出来，就此问题展开调研，并写出一篇高质量的调研报告来回应百姓的关注，引导社会舆论。类似这样的问题还有很多，像地下水污染、环境噪声、农村环境问题等，人民群众对环境权益的要求是涉及方方面面的，信息员一定要善于发现和总结问题，对涉及环境监测的问题，通过开展调研撰写报告来给出答复。

例 5：总站认真贯彻中央指示精神，抓紧筹划 $PM_{2.5}$ 监测

近期，北方地区灰霾天气频繁，细粒子 $PM_{2.5}$ 的监测受到了媒体和公众的广泛关注。评议的焦点主要集中在：一是我国现行空气质量评价标准中没有将 $PM_{2.5}$ 纳入评价，不能反映 $PM_{2.5}$ 对环境质量的影响；二是我国少数城市开展了 $PM_{2.5}$ 监测，但结果没有及时向社会公布；三是 $PM_{2.5}$ 对人体健康影响；四是呼吁将 $PM_{2.5}$ 纳入例行监测。这些舆论大部分是正面的，有利于促进环保部门改进监测工作。媒体方面也有一些消极议论，主要因为目前环境监测信息公开程度不够，在舆论引导上缺乏主动性。

面对媒体的报道，总站做出了积极的应对：一是接受主流媒体采访。通过电视、报纸等渠道，对环境质量评价结果与公众感观的差异、$PM_{2.5}$ 的概念、对人体健康的危害以及相关监测工作开展情况向社会公众释疑解惑；二是及时上报相关信息。上报 2 期北京市大雾天气 $PM_{2.5}$ 监测专报、10 期京津冀地区 $PM_{2.5}$ 监测专报，及时反映 $PM_{2.5}$ 监测情况，并与美国大使馆的监测结果进行比对分析；三是抓紧相关工作的筹划部署。站内多次召开专题会议，学习贯彻国务院领导在会见国合会外方委员和代表时对监测工作的重要指示精神，结合落实《国务院关于加强环境保护重点工作的意见》和《国家环境监测“十二五”规划》，研究部署 $PM_{2.5}$ 及空气质量监测思路和任务。总的来看，无论是从环境监测与国际接轨，还是从应对国内空气污染特征变化、满足公众知情权角度，开展 $PM_{2.5}$ 的例行监测都势在必行。

① 开展 $PM_{2.5}$ 例行监测已具备一定工作基础

一是试点监测扎实推进。2008 年，总站正式启动 $PM_{2.5}$ 试点监测。选取了天津、上海、重庆、广东、深圳、广州、苏州、宁波、南京 9 个地方环境监测站，加上新建的总站环境空气自动监测实验室，共同开展 $PM_{2.5}$ 试点监测工作。截至目前，已获得 2008—2011 年四年的监测数据，完成三份试点监测年度报告，为 $PM_{2.5}$ 的例行监测探索了经验。

二是技术准备逐步加强。在《环境空气质量标准》制修订过程中，利用灰霾试点城市的 $PM_{2.5}$ 监测数据为 $PM_{2.5}$ 的标准制定提供了先进的测算和评估依据；在编制《空气质量指数（AQI）日报技术规定》时，对 $PM_{2.5}$ 加入评价指标后对空气质量评价结果的影响进行了测算；在连续四年的试点监测中，积累了大量宝贵的现场实测经验，初步形成了较为完整的质量控制体系，为 $PM_{2.5}$ 监测技术体系建设奠定了基础。

三是装备建设初具基础。截至 2011 年 8 月，环保重点城市中有近 60 个城市 140 个点位已经自行配备了 $PM_{2.5}$ 监测设备，具备在 2012 年开展监测工作的能力。开展 $PM_{2.5}$ 监测所需的仪器设备市场价格在 15 万～27 万元之间，按照我国目前的经济发展水平，在全国推广 $PM_{2.5}$ 监测具有技术和经济的可行性。

② 推进 $PM_{2.5}$例行监测的工作思路

建议以区域大气污染联防联控为契机，将 $PM_{2.5}$监测与 O_3、CO 统筹考虑，在“十二五”期间，分批分期在城市、区域和背景三个尺度形成层次分明、功能完善的空气质量监测网络。

一是全部地级以上城市逐步实现 $PM_{2.5}$自动监测。2011—2012 年，首先在 113 个环保重点城市和联防联控规划范围所包含的非重点城市完成 $PM_{2.5}$、O_3和 CO 的自动监测能力建设，开展 $PM_{2.5}$例行监测。2012—2013 年，实现在全部地级以上城市完成能力建设。

二是在重点区域开展 $PM_{2.5}$等全项目监测。结合国务院《关于推进大气污染联防联控工作改善区域空气质量指导意见》的要求，2011—2012 年率先在“三区九群”等重点区域开展区域站的建设，开展 $PM_{2.5}$等全项目监测，同时在 31 个农村站增加 $PM_{2.5}$、O_3和 CO 的自动监测能力。2012—2013 年在联防联控规划区外其他省（自治区、直辖市）新增农村区域监测点位，开展 $PM_{2.5}$等全项目监测。

三是在国家大气背景站配置 $PM_{2.5}$自动监测能力。2012 年底前 14 个已建的国家大气背景站需全部具备 $PM_{2.5}$、O_3和 CO自动监测能力，并补充其他必要的监测设备。

③ 我站近期准备开展的工作

一是抓紧编制“十二五”国家城市环境空气质量监测网细粒子 $PM_{2.5}$能力建设项目建议书。建议书涵盖了我国所有地级以上城市站，详细论证了“十二五”期间 $PM_{2.5}$能力建设的监测范围、总体思路、技术路线、仪器设备配置、经费预算和实施进度要求等内容，将为 $PM_{2.5}$监测有序高效地在全国范围内进一步推广提供有力支撑。

二是推进监测信息公开和实验室开放。在已经进行 $PM_{2.5}$试点监测的城市，可逐步公开监测数据，提升空气质量监测的透明度；向科技司提出建议，将总站的大气环境监测实验室设立为大气环境监测科普基地，向社会公众开放，使大气监测平台面向社会，增强公众对大气环境监测能力和现状的主观了解。

三是开展相关技术准备。在新的《环境空气质量标准》即将发布之际，加紧修订《环境空气质量自动监测技术规范》及《环境空气质量监测规范》中关于 $PM_{2.5}$监测的技术要求，将手动监测和自动监测的标准和规范同时更新；加快修订数据有效性规定，为适应新版《环境空气质量标准》，建立相应的监测数据质量控制和质量保证体系。

四是加快京津冀、长三角和成渝三大重点区域监测网络实时传输及信息发布系统建设。尽快实现重点区域内空气自动监测站例行监测数据与总站信息平台的实时传输，包括所有的城市站、农村站和背景站。由总站编写和发布相应的区域环境空气质量报告，在区域内实现信息共享。（摘自：中国环境监测总站重要信息专报）

点评：$PM_{2.5}$的监测问题是人民群众关注的热点环境问题之一，该篇信息围绕这一问题，阐述了环保部门已经和即将开展的工作，回应了群众关切，较好地满足了群众环境权益。

总之，环境监测热点问题是环境监测综合调研类信息必须给予关注的重点内容。信息员发现和收集热点问题的渠道有很多，以上三种是主要来源，也可以从其他渠道获取热点问题。

2. 环境监测工作开展的成功经验

工作成绩和经验也是综合调研类信息的重要内容，带有规律性的经验能够对以后的工作提供参考和借鉴，具有很高的采写价值。信息员要具备发现经验、总结经验的能力，要善于对开展得好、重要的、有影响力的工作进行调查研究，总结成功经验。

（1）从日常监测工作中寻找成功经验

监测系统每年都承担大量的常规监测任务和临时性监测任务，而且每一项任务都有其独特之处，在任务属性、监测方法、监测频次、监测报告编报等方面有很多的不同。因此，不同工作也就积累了不同的经验，像例行监测和应急监测就属于不同类型的监测任务，工作方法和形成的经验就不尽相同，值得分别总结发扬。例行监测中的水、大气、生态、污染源、噪声等监测任务也由于领域和项目的不同呈现不同的特点，即使相同领域的不同项目也在监测技术方法、规范，点位、频次、数据报送等方面存在差异。信息员要有一双善于发现的眼睛，从繁多的监测任务中发现有成绩经验的工作任务，及时调研总结。在调研过程中，应重点关注任务完成情况，取得何种成绩和经验，有何启示等，把那些值得在以后的工作中加以借鉴的方法表达出来。

例 6：湖北省站顺利完成全省大部地区环境空气异常事件应急监测工作

2012 年 6 月 11 日，湖北省大部地区相继出现空气质量异常，全省自西北向东南沿汉江流域空气质量急剧恶化，可吸入颗粒物（PM_{10}）小时均值在短时间发生突升；从上午 9 时左右，武汉、孝感、仙桃、潜江、鄂州、咸宁、黄冈、黄石等地逐渐出现严重灰霾天气，局部地区能见度不足 500 米，给人民群众生产生活造成极大影响。

事件发生后，按照湖北省环保厅的部署，我站迅速启动应急监测预案，立即组织专家技术人员开展环境空气应急监测和研究工作。通过实时调度全省各地空气自动监测站的监测数据，研判此次空气质量异常事件发生时间、影响范围；结合环保部卫星遥感监测图片、武汉市大气复合污染监测实验室监测结果及气象部门发布的气象资料，分析此次空气质量异常的成因，并预测其发展趋势；同时，我站及时向社会发布环境空气质量应急监测初报，为社会公众了解事件真相提供了第一手依据。

专家技术人员全天候密切监视全省环境空气质量监测数据变化情况，以小时为单位实时向社会公众发布应急监测报告，并与武汉、宜昌、荆州、孝感、鄂州、咸宁、黄石、黄冈等各市环境监测部门形成联动监测机制，按照环境监测“上下一盘棋”的要求，及时准确掌握各地空气质量变化动向，发布预警预报监测信息。截至6月15日上午8时，我站已发布《湖北省应急监测报告：鄂大部地区环境空气异常报告》33期，各市站也向本地社会公众发布应急监测快报、简报近百期；同时，我站以及武汉、鄂州、咸宁、黄石等站相继召开多次新闻发布会，在电视、电台、报纸、网络上及时公布监测数据，公开环境空气质量实时监测数据，科学解释灰霾天气造成的原因，提出公众应对环境空气质量恶化的防护措施，充分满足社会公众的环境知情权，有效平复了社会因空气质量异常而引发的恐慌情绪，杜绝了社会谣言的传播，确保了社会稳定，同时为环境管理和决策提供了科学依据。

根据专家分析，造成湖北省大部地区空气异常事件发生的主要原因有以下几个方面：一是随着全国大范围的夏粮丰收，周边省份大量农田存在秸秆燃烧现象，使得大气中污染物浓度短时间内急剧增加；二是根据湖北省环境空气实时监测数据，部分站点的可吸入颗粒物浓度出现突变，并在时空分布上呈明显变化规律；三是多个气象条件同时出现，促成了本次空气异常事件的发生，并在武汉表现得最为突出和明显。

针对此次空气质量异常事件，我站组织有关专家技术人员进行了认真总结，认为存在以下问题：一是缺少有效的突发环境应急事件处置的研判能力。缺乏有力的模型支持，无法及时、快速、准确分析突发环境应急事件产生的原因、影响范围、变化趋势；二是缺少完备的全省空气质量实时监测预警能力。省空气质量自动监测系统尚未完全覆盖；部分已建的空气自动监测点位因运行经费、人员、设备等问题不能确保监测仪器的长期有效运行，不能实时提供监测数据；已建的空气自动监测站点除武汉市城区的国控点外，其他点位目前仅只能监测二氧化硫、二氧化氮和可吸入颗粒物（PM_{10}）三项指标，无法监测 $PM_{2.5}$、CO、臭氧新三项污染指标；三是缺少及时准确的全省环境空气质量发布平台；四是缺少必要的环境应急监测能力。

通过此次环境空气质量异常事件，我站专家技术人员总结几点启示：一是启动多学科、多方位、多手段的联合研判机制；二是加强监测数据的公开发布；三是建立完备的应急预警预报系统。

目前，全省各市环境空气质量已逐步趋于稳定。我站环境监测专业技术人员仍坚守岗位，实时监控环境空气质量的动态变化，继续及时向社会发布环境空气监测报告。（摘自：中国环境监测总站网站）

点评：该信息是对一次应急监测工作的情况报告，有情况概述，原因分析，也提出了对策措施，可以归为综合调研类，为科学处置类似事件提供了可借鉴的经验。

（2）从专项工作中寻找成功经验

在承担常规的例行监测任务之外，监测系统还会根据环境管理部门的要求，随时承担一些专项工作，像监测系统近几年开展了全国环境监测技术大比武、全国环境应急监测大演练等活动和国家重点生态功能区县域生态环境考核、新空气质量标准监测实施等重点专项工作。这些专项工作，任务重，涉及面广，影响大，大都是由各级监测站承担主要任务，工作完成后都会积累一些值得深入挖掘学习的经验。监测系统的信息员，要对类似专项工作高度敏感、高度关注，广泛搜罗素材，认真开展调查研究，把工作中创造出的经验总结好，利用好。

例 7：积极主动作为　竭力攻坚克难　辽宁省环境监测实验中心为辽河“摘帽”保驾护航

作为辽宁人民的母亲河，辽河曾因污染严重，被国务院列入重点治理的“三河三湖”之一，为早日摘掉重度污染的帽子。自 2008 年起，辽宁举全省之力，制定了辽河五年“摘帽”工作计划，并启动了辽河治理攻坚战、“大浑太”治理歼灭战和凌河治理阻击战三大战役，开始集中治理辽河。2012 年底，终于在全国率先完成“摘帽”任务，并创造了“五年摘帽三年完成”的辉煌成绩。

辽宁省环境监测实验中心在这一系列全省多部门联动的“摘帽”工作中，全程参与、全力配合、全心服务，按照省委、省政府的总体工作部署以及省环境保护厅的具体工作安排，开展了一系列卓有成效的技术支撑工作，为辽河治理三大战役的成功推进起到了至关重要作用。

一是开展辽河流域预警监测工作。在辽河省界断面、主要河流支流入河口新建 11 个水质自动站，联合已有的 13 个水质自动监测站构成“辽河流域水环境风险评估与预警监控平台”，完善了全省地表水质预警监控体系。组织各地级市对辽河流域六大干流、18 条河流、44 条支流大小 99 个断面开展预警及加密监测，共动用人力 2 200 余人次，出据各类数据 15 万余个，现场监测及检查车辆行程 60 余万 km。通过预警监测，及时发现水质异常，分析查找原因，为彻底解决污染问题提供数据支撑。同时，开展了辽河干支流流量监测，结合不同季节，逐步明确保水质达标的生态水径流量，逐步建立污染排放与河流水质的响应关系，确保监测结果的代表性和预见性。

二是建立辽河流域水质会商制度。为推动辽河流域水污染防治工作形成了一整套环境监测、管理、考核体系，辽宁省环境监测实验中心切实推行流域水质分级会商制度，打破以往单纯的水质监测结果会商与治理措施会商的独立性，有效地将监测结果和治理措施有机结合起来，实施辽河流域水质异常会商、月度水质变化情况会商和季节性水质比对会商，共同商讨结果、影响和治理措施，并发布《辽河流域水质监测月报》、《河流水质月报》和《出市断面水质监测月报》，有力地保障了辽河“摘帽”目标的顺利实现。

三是完善监测工作沟通协调机制。作为辽河“摘帽”工作监测组的牵头单位，辽宁省环境监测实验中心安排主要领导、主要部门专门负责此项工作，制定了完善的工作细则、人员分工及工作进度安排。组织各地级市做好水质监测数据档案建设，切实做到了数据准确、材料完整、内容清晰。同时，加大了与中国环境监测总站、省水利厅、辽河局、凌河局等部门的沟通衔接，逐步与各部门建立起水环境监测相关工作沟通协调机制，并配合环境监管部门开展日巡查工作，发现水质问题，及时查因溯源，开展综合整治。

四是加强水质基础监测能力建设。辽宁省环境监测实验中心在加快推进监测站标准化建设进程的基础上，以辽河“摘帽”为契机，进一步加强了水质等监测要素的整体基础监测能力建设，建成并运行了 4 000 余平方米的监测实验室，购置了 X 射线荧光能谱仪、HPLC、ICP-AES 等大型分析仪器 60 余台套，并针对辽河流域的具体水质状况及污染类型对水质分析技术人员开展了 20 余次相关业务培训，有效地保障了辽河“摘帽”各项工作的顺利开展。（摘自：中国环境监测总站网站）

点评：该信息的主要内容是辽宁省环境监测部门在“辽河摘帽”这一重大工程中的所作所为。服务“辽河摘帽”是辽宁监测部门的重点工作，在完成任务过程中积累了一定经验，值得认真调研。

（3）从单位发展建设中寻找成功经验

除了监测工作以外，各级监测站在单位发展建设中取得的优异成绩，也是监测综合调研类信息的选题之一。有些监测站在制度建设、管理模式、作风建设等方面搞得有声有色，促进了业务工作的开展，可以作为单位建设的经验认真调查研究。此外，行风建设是监测站系统自身建设的重要内容。近年来，全国各级监测站按照中央和环保部统一安排，连续开展了科学发展观、创先争优、密切联系群众等学习实践活动。监测系统将这些学习实践活动与监测业务工作紧密结合，以行风建设带动监测工作有效开展，取得了显著成绩，积累了宝贵经验。总之，信息员要在关注业务工作内容的同时，自觉将监测站单位建设和行风建设情况纳入综合调研类信息的内容中来，从为监测业务工作开展提供坚强制度保障和强大精神动力的角度来调研单位建设、行风建设的开展情况，总结成绩经验。

例 8：恪尽职守敬业奉献的监测人 新乡市环境监测站创新与发展专题调研

2011 年 12 月 20日，在第七次全国环保大会上，河南省新乡市环境监测站站长郑燕平从中央政治局常委、国务院副总理李克强手中接受了“全国环保系统先进集体”的荣誉证书和奖牌。这是人力资源和社会保障部、环境保护部向环境保护战线上作出突出贡献的先进集体进行的表彰，也是新乡市环境监测站“十一五”期间敬业奉献、攻坚克难取得的最高荣誉。

① 环境怎么样，数据来说话

环境监测离不开数据，监测数据直接影响着对该区域环境质量的判断。新乡市环境监测站始终坚持把数据质量放在首位，精心制定了《质量手册》、《程序文件》等一整套质量体系文件，在实践中不断完善和补充，并以科室为单位定期宣传贯彻和考评，一贯恪守着“行为公正，方法科学，数据准确，服务规范”的原则。年均上报各类有效监测数据达 12 万个，无一差错发生。

2011 年 9 月，环境保护部对新乡市环境监测站“环境监测质量管理三年行动计划”执行情况进行了核查。最终认为，新乡市监测系统把创先争优活动与质量管理工作相结合，领导重视，全员参与，管理制度健全，数据质量过硬。

②自身强素质，全面求发展

新乡市环境监测站筹建的环境监测应急预警中心，总建筑面积 8 000 m^2以上，市发改委已经立项，土地、规划部门的手续已完成，环评文件已批复，部分建设资金也已经到位。自 2009 年以来，新乡市环境监测站共争取上级专项资金 880 万元，购置了气相色谱仪、气-质联用仪、等离子发射光谱仪、原子荧光分析仪、高效液相色谱仪等一批先进的监测设备。常规监测能力建设提升较快，已由 2006 年计量认证考核时的 5 大类 126 项增加至目前的 6 大类 157 项。

新乡市环境监测站对地表饮用水水源地水质的全分析能力走在了全省前列。《地表水环境质量标准基本项目分析方法》中要求了 80 个特定分析项目，许多地市的监测能力不足一半，而新乡市监测站已经具备了 68 项的监测能力。该站还结合全市 300 余家化工危险企业信息制作了应急处置决策系统软件，具备了应对突发环境污染事件的监测能力，在《河南省环境保护“十二五”规划》中被指定为豫北应急监测中心。在 2011 年全国应急监测演练中，新乡市环境监测站派出的技术骨干顺利报出了盲样分析数据，受到了好评。

③ 数据做保障，服务大环境

近几年来，新乡市环境监测人员几乎没有休息过节假日、星期天。许多人员因长时期超负荷工作而身患不同疾病，因工作繁忙而推迟婚期或生育期的人员也不在少数，甚至有的还因工作繁忙而影响了家庭，但同志们没有怨言、没有懈怠，默默奉献着，辛勤耕耘着，只为牧野大地的天蓝水清环境美。

仅 2011 年以来，新乡市环境监测站就先后为市政府、市环保局提供有针对性的技术分析材料 12 批次，合计 900 多页、近 10 万字，为政府决策提供了快捷、高效的技术支撑。尤其是 2012 年上半年，新乡市环境监测站在重金属整治专项行动期间呈送市政府的专题报告，有监测数据，有评价结论，有原因分析，有对策建议，引起了相关部门领导的高度关注，为政府决策提供了快捷、高效的技术支撑。

④ 服务要超前，把好预警关

无论是出境断面监测，还是污染源监测，或者专项行动监测，新乡市环境监测站一旦发现异常数据总是以手机短信、监测专报、监测急报等多种形式上报给局领导，及时启动监测预警机制。自 2009 年 7 月河南省实施生态补偿机制以来，新乡市环境监测站充分利用在线监测数据的及时性、手工监测数据的准确性，远程监控与断面采样相结合，以数据为支撑，以预警为手段，以报告为载体，创下了新乡市连续三年“生态补偿零扣款”的纪录。

新乡市环境监测站连续两年被评为“群众满意的基层站所”。2011 年 9 月，新乡市双鹭生物科技有限公司专程送来镌刻着“服务企业，支持发展”的锦旗，对监测站工作人员高度负责、快捷高效的服务意识给予肯定。

⑤ 技术大比武，素质快提升

2010 年 6 月的全省环境监测技术大比武，新乡市环境监测站选送的赵阳、赵一凡两名选手都荣获了“河南省环境监测技术优秀选手”称号，被表彰为“河南省环境监测技术比武活动先进个人”。同年 8 月组织了“新乡市第一届环境监测专业技术人员大比武”，在市辖县级监测站中涌现出了市级“五一劳动奖章”、“五一劳动奖状”获得者，大大提高了基层监测人员学业务、钻技术的热情。

2012 年 5 月 15日，河南省人民政府参事室、省环保厅联合主办的“中原经济区大气环境与气候国际论坛”论文征集活动中，新乡市环境监测站选送了《基于模糊综合法评价新乡市大气环境质量》、《PM_{10}随季节变化区域特征分析》等 6 篇专业论文，远远超出了预定目标任务，受到了上级好评。据统计，新乡市环境监测站近年来先后获得省级以上表彰奖励的有 26 人次，监测队伍整体素质有了快速提升。（摘自：河南省环境监测中心网站）

点评：该信息是在对新乡市环境监测站发展建设取得的成绩进行调研后撰写的，内容全面，层次分明，总结了单位发展建设的成功经验。

3．制约监测事业科学发展的难题

党的十八大把生态文明建设纳入中国特色社会主义总体布局，提出建设美丽中国的宏伟目标。环境保护是生态文明建设的主阵地和根本措施，而环境监测作为环境保护的基础性工作，既面临着难得的发展机遇，也面临严峻挑战。当前，环境监测事业发展进程中由于体制机制等多方面的原因，存在许多困难和掣肘，影响环境监测事业科学发展，亟待破解。2008 年环境保护部组建了环境监测司，国家层面实行了环境监测管理与技术分离。“政事分开”是国家行政管理体制改革的大势所趋，但是对环境监测而言，究竟什么是“政”，什么是“事”，短时期内难以厘清。如何理顺政事关系，使管理和技术两方面的作用都得到充分发挥，共同推进监测事业的科学发展，还需要进行积极的探索。层级关系方面，监测站系统目前处于多种层级关系并行的状态，一部分监测站实行了省以下垂直管理或市以下垂直管理，大多数是仍是属地化管理，实际工作中存在着职责不明、管理不顺等诸多弊端。监测综合调研类信息应多关注这方面的内容，因为这是监测系统普遍存在的，是监测战线同志们十分关注的，也是各级领导高度重视的。

（1）监测体制机制方面

体制机制问题是当前影响监测事业科学发展的关键问题。当前，监测事业发展的体制机制还不顺畅，在人员编制、管理模式等方面还存在一些问题。比如，人力资源方面的问题，已经成为制约环境监测转型发展的短板。根据《中国环境统计年报》，2001 年，全国环境监测站实有 43 629 人，占全国环保系统总人数的 30.6%；2010 年，全国环境监测站实有 54 698 人，占全国环保系统总人数的 28.2%。与此同时，环境监察系统十年间增加 24 534 人，是环境监测站人员增加数的 2.2 倍，占全国环保系统总人数的比重从 2001 年的 26.6% 上升至 2010 年的 32.2%。监测站实有人数占全国环保系统总人数比重不升反降。这是由于各级监测站人员编制长期得不到增加所致，而且监测站在聘用人员方面存在资金和政策的限制。特别是地市级监测站，承担了最多的监测任务，但是大多数监测站人员严重不足，长此以往不仅影响工作效率和质量而且也不利于监测人员的身心健康。从监测机构属性上看，全国大部分监测站是隶属于当地环境保护主管部门的全额拨款的事业单位，实行属地化管理。在这种管理模式下，根据中央事权与地方事权划分规则，监测任务由环保主管部门层层下达，但监测站的人员、机构、经费等均属于地方事权，受地方财政和人力资源保障部门管理，容易造成任务下达与资金、人员等相脱节。此外，在事业单位改革的大环境下，各地对事业单位的人员编制进一步收紧，地方监测站在争取编制和经费时举步维艰。这在一定程度上导致监测站工作的独立性受到干扰，表现最为明显的是有些地区监测数据行政干扰较为严重。类似由于体制机制原因产生的问题还有很多，综合调研类信息在选题上应当充分关注这些问题。

（2）监测任务设计方面

当前监测系统还存在一个比较严重的问题是监测任务设计不够合理，主要表现为：一是任务只增不减。近年来，根据环境形势变化新增了很多任务，但对过去的历史任务没有合理削减，导致监测任务如滚雪球一样越滚越多。二是缺乏系统统筹。对任务安排缺乏深入的前期研究，无论内容安排还是总量、成本以及可预期产品与管理需求是否吻合等方面缺乏科学论证。三是任务部署上“一刀切”。我国地域辽阔，各地的自然环境状况、经济发展水平差异较大，任务安排没有做到因地制宜。造成目前任务设计与需求不能很好地吻合的主要原因是：一是对社会公众的环境诉求、环保行政的技术支撑需求和各级监测站承载能力缺乏深刻的把握；二是对现有工作任务实施情况跟踪反馈不够，缺乏有效的绩效评估。针对这些问题，建议任务设计和部署上应遵循五项基本原则：一是遵循科学性原则。任务设计要根据实际需要，符合客观条件，使任务部署得当，满足环境管理的实际需要。二是遵循针对性原则。任务设计和部署过程中，要充分考虑区域环境特征的差异性，确保一项监测工作有的放矢。三是遵循便捷性原则。在任务设计过程中，加强基层调研有利于提高任务设计的合理和科学性。注重征求任务承担单位的意见，可以提高任务的执行力和效率。四是遵循前瞻性原则。在任务安排时保持适度超前，以保证获取的监测数据和生产的监测信息具有一定的前瞻性与引领作用。五是遵循经济性原则。任务设计和部署上强化成本意识，确保以最小的投入获取最大的收益。

在监测任务不断增加的情况下，相配套的工作经费却非常有限或者根本没有。上级环境管理部门只是一味地下派监测任务，却并不给予承担任务的监测站配套的工作经费。这导致许多监测任务难以有效开展，有的甚至根本无法完成，有些工作即使完成了，质量也堪忧。这一问题已经和人员编制不足一样成为影响监测事业科学发展和各级监测站正常运转的主要矛盾，应当是监测综合调研类信息主抓的重点。

例 9：监测站任务量与承载力矛盾突出

监测站作为一个工作实体，在人员配置、仪器设备、技术水平、经费保障一定的条件下，能够承担的任务也是一定的。从市级监测站反映的情况来看，目前，任务量与承载能力之间的矛盾突出。为此，我们对成都、兰州、贵阳、日照、宁波、沈阳、株洲、包头、合肥、张家口10个城市环境监测中心（站）的任务承载能力进行了专题调查。

从任务来源看。城市环境监测中心（站）承担的任务，有国家下达的，也有省级环保部门和本辖区政府部署的。从上述10个城市监测站的任务来源分析，本辖区的监测任务占的比重较大。以污染源监督性监测为例，本辖区任务约占总任务的69.8%。

从任务构成看。环境质量监测任务约占总任务量的60%，污染源监督监测、环评现状监测、环保竣工验收监测约占总任务的30%。为满足环境管理的需要和公众诉求，近年来环境质量监测的领域、范围、指标、频次等都不断增加。特别在支撑污染减排方面，各地加大了污染源监督性监测力度，形成了国家、省、市任务交汇累积的局面。如株洲市监测站全年要对434家污染源企业开展监督性监测，其中国控源12家，省控源123家，市控源299家。

监测站获取的数据量是监测工作任务量的直接反应。针对2001年、2006年、2011年三个年份的统计分析显示，近十年间城市环境监测站获取的数据量普遍增长了3～4倍。以成都市站为例，2001年获取各种监测数据17.3万个，2006年获取的数据为26.2万个，到2011年，获取的数据增长到61.6万个。

面对纷繁复杂的任务，城市监测站到底有多大的承载能力呢？

以手工采样为例。根据现有测试任务和项目构成，按单人工时折算，采集1个样品平均耗时约为1.98小时，本次调研的10个城市站手工采样在编人员总数为176人，按每年250个工作日，每个工作日工作8小时测算（下同），能完成约18万个样品采样任务，而按照2011年国家、省、市三级下达的实际任务，累计需完成样品采集量约为32万个，是标准承担能力的1.8倍。

以实验室分析测试为例。根据对10个城市环境监测站实验室分析人员的调查统计，按照目前项目构成和仪器设备性能估算，获取一个监测数据折算单人工时约为1.15小时。本次调研的10个城市站实验室在编人员总数为203人，正常工作时间内，每年能完成35万余个实验数据的测试任务。2011年，这10个监测站的实验室接受的分析测试任务需获取监测数据约60万个，是标准承担能力的1.7倍。

以自动站运行维护为例。根据当前水、气等自动站建设情况、仪器设备更新维修情况等测算，折算成单人工时运维一个自动站一年时间，平均需要花费5 173小时。本次调研的10个城市站自动站在编人员总数为49人，按照标准工作时间，只能运维19个自动站，而实际承担监测约为标准承担能力的6.7倍。

综上所述，近年来城市环境监测站承担的任务量远远超出了本身的承担能力。（摘自：中国环境监测总站重要情况专报）

点评：这篇信息是针对环境监测任务承担情况的一篇综合调研类信息，通过对10个地市级监测站承担任务情况的调研，得出任务量和承载能力之间的矛盾，即任务量远远超出了本身的承担能力。本例只是节选了原信息的一部分，原信息还提出了对策建议，由于篇幅的原因，这里就不列出了。

（3）监测能力建设方面

能力建设是支撑事业发展的基础。监测事业发展30多年来，各级监测部门的能力建设取得了长足进步，环境监测经费投入持续增加。2007—2011年，中央财政持续加大对环境监测的投入力度，连续启动5期主要污染物减排专项建设，对环境监测专项资金投入达60亿多元，使得监测系统的能力建设水平上升了一个新的台阶。国家环境监测网实现跨越式发展，监测覆盖范围逐步从城市向农村、从内陆向边境扩展，监测项目领域逐步从常规向新型、从基础向前沿拓展，监测技术手段从传统向现代、从地面向天地一体化发展。但在开展能力建设的过程中也还存在一些问题，虽然环境监测与自身相比有了跨越式的进步，但是在环保总投资中所占比重仍显不足，发展速度与其他领域相比也存在差距。我国地域宽广，不同地区经济发展状况和监测事业发展程度不一样，面临的监测能力建设需求也不同，如何实施差别化的监测能力建设，是值得认真研究的课题。同时，中西部地区也是环境监测人员技术实力相对薄弱的地区，如何使配置的仪器设备充分发挥作用也是亟须解决的问题。总之，能力建设方面既有成功的经验也有不足，是综合调研类信息不可或缺的重要选题。

（4）监测站点运行管理方面

环境质量自动监测是监测工作的重要组成部分，国家和地方在全国范围内建设了为数众多的地表水和空气质量自动监测站，承担大量的常规环境监测任务。无论国家还是地方的自动监测站，运行管理都是重点和难点问题。国家的自动监测站是国家出资建设的，所有权归国家，由国家拨付经费委托所在地方环境监测部门进行管理维护。这其中存在一些问题值得关注，比如国家给予的运行管理经费不足该如何解决，如何形成有效的监督，保障仪器设备正常运行并报送数据等，都可以成为综合调研类信息的选题。

三、关于如何开展调研

综合调研类信息的素材来源于深入扎实的调查和研究。调查研究，是对客观实际情况的调查了解和分析研究，目的是把事情的真相和全貌调查清楚，把问题的本质和规律把握准确，把解决问题的思路和对策研究透彻。这就必须深入实际、深入基层、深入群众，多层次、多方位、多渠道地调查了解情况。

1. 调查

调查是通过深入一线、制作问卷、查阅资料、观察询问等方式收集各种事实和数据，了解情况，占有资料。开展调查要把握好如下几点。

（1）调查准备

调查的准备工作很多，包括确定调查地点、组织调查人员和拟定调查方案等，准备工作好坏的关键在于细、在于全。具体包括如下几点。

① 认知准备。确定调研主题之后，先要了解这个选题别人是否做过，做到什么程度；领导有没有过批示，业内人士对此问题的普遍看法。要认真研究有关政策法规，熟悉所调研问题发展的历史脉络和现实背景。只有这样，才能确保自己调研时不说外行话，不被“忽悠”。

② 方案准备。调研方案一般应包括调研目的、调研内容、调研范围、调研时间、调研对象、调研方法等，并根据调研选题设计一些调查问卷和调查表格。调研方案考虑得越周详、越细致、越具体越好，如果问题太大、太宽泛，对方不知从何谈起，也很难深入谈下去。

③ 资料准备。要围绕调研主题广泛收集相关资料，尽可能多地占有和消化与调研对象相关的各类资料，这样可以让你对调研对象预先有一个了解，做到心中有数，可以从中发现一些可以继续深挖的线索、素材，也避免将来写的材料和别人重复。

（2）调查方法与技巧

好的调研工作方法对获得真实可靠、全面准确的资料非常关键。

① 要深入基层一线，广泛听取不同意见。深入基层一线，是开展调查研究的必然要求。

沉得越深，工作越实，获得的资料才越丰富、越真实。要广泛接触各方面、各层次的干部群众，倾听不同身份、不同立场的人不同角度的意见，才会有不同的感受、不同的看法，才能得出一个正确的结论。要避免调查就是开座谈会，把对方准备的汇报材料拿回来，综合整理一下，就交差。这样的调研，往往比较片面，获取的都是别人加工整理过的材料，不能听到各方声音，很难把情况摸清、问题找准，也不可能提出符合实际的有价值的对策思路。

② 要结合实际，有针对性地提出问题。深入基层开展调查研究要谦虚谨慎，放下架子，但也要掌握主动。要掌握主动权，必须学会提问题。要有甘当小学生的精神，不懂就问，不要不懂装懂。不要以为因碍于面子，就不好意思问。要向调查对象提出一些早就计划好的、与调研主题密切相关的问题，这样能够快速获得自己想要的信息或材料，提高调研的效率。

③ 要善于和调研对象打成一片，营造和保持讲真话、讲实话、讲心里话的良好氛围。调研要获得真实情况，必须坚持实事求是的原则。要善于用坦诚的态度、民主的作风、轻松的语言，通过提问、插话等形式，尽可能活跃气氛，鼓励调研对象如实反映情况和提出不同意见，要坚持有一是一、有二是二，既报喜又报忧，不唯书、不唯上、只唯实。

（3）调查原则

调查是否深入细致，关系到能否全面、客观地掌握第一手资料，是信息调研成功与否的关键。调研人员要注重如下三个方面的问题。

① 注重求实性。调查中要坚持多层次、多角度、多渠道了解情况，对所获取的信息认真记录并核对，确保客观真实。对不确定或模糊的情况，一定要在调研过程中一追到底，及时予以解决，不能在写作的时候用模棱两可的材料。

② 注重典型性。受时间限制，大部分信息调研不可能大规模、大范围、长时间地开展。对此，要最大限度地获取真实情况，必须在信息调研样本的选择上下工夫。具体来说，为突出样本的典型代表性，应选择能广泛代表普遍情况的样本点进行深入调研，由特殊性体现一般性。

③ 注重全面性。调查广泛听取不同方面、不同层面的意见，既要调查领导，又要调查群众；既要解剖典型，又要了解全局；既要了解问题的现状，还要了解问题的历史，追溯其发展的轨迹和演变过程；既要了解正面意见，又要了解反面意见；既要了解成绩和经验，又要了解问题和教训；坚持多层次、多方位、多渠道地调查，防止以点代面、一叶障目。调查工作不能满足于“大概”、“差不多”，而是要全面掌握情况，调查的范围要尽可能宽一些，占有的资料尽可能多一些。

2．研究

所谓研究就是用科学的方法对搜集来的资料进行分析和加工。所以，调查是人们获得感性认识的阶段，研究则是从感性认识上升到理性认识的阶段。调查和研究的辩证统一，体现了感性认识和理性认识的辩证关系。这实际上是从实践到认识的过程。做好研究要把握好如下几点。

（1）科学梳理材料

对调查获得资料的进行整理与分析，是从调查阶段过渡到研究阶段、由感性认识上升到理性认识的一个重要环节。

① 精心筛选材料。我们在调查的时候往往感觉占有的资料越多越好，但进入研究阶段却发现并非如此，必须要对占有的材料进行精心筛选。要选择与调研主题贴近、有代表性和典型性能够为证明观点提供支撑的材料，把那些与主题相去甚远，甚至无关紧要的材料去除掉。同时，要注意保证材料的真实性，虽然在调查过程中处处注重客观真实，但由于种种原因，还有可能存在不真实或不准确的情况，这就需要认真甄别。尤其是要正确处理好问题和成绩的关系，做到对成绩不夸大，对问题不回避。

② 对精选的材料进行综合分析。选定材料后，单独看原始资料往往是零碎的、孤立的，觉得价值不大。但如果仔细观察寻找材料之间的相互联系，把各类材料联系起来思索，就能从材料的相互关联中发现事物的内在联系和本质特征。尤其是把它与当前的监测工作重点、当前的环保工作大局以及平时掌握的其他材料联系起来思索时，就会有不同的认识和重要的发现。

③ 及时补充相关材料。经过认真梳理，如果发现材料不足，一些写材料时必不可少的事例、数据、环节，不完整或不清晰，要及时再调查，将材料补充完整。这个最好在调研过程中进行，如果回去后再补充，会麻烦得多。这也说明调查和研究是不能截然分开的，而要边调查边研究，边研究边调查，材料在调查中不断进行梳理和补充。

（2）辩证分析问题

调查研究的出发点和落脚点是为了揭示事物的本质和规律性，把握事物的发展趋势，这是研究工作中的重中之重。

① 坚持两分法，避免片面性。要客观全面地看待调研对象，既要看到积极的方面，又要看到消极的方面，切忌以偏赅全。在反映监测工作情况时，既要看到某一情况的积极方面，取得的成绩，也要看到存在的问题，及时提出，给予警示。

② 善于抓住主要矛盾和矛盾的主要方面。在复杂事物之中，存在着许多矛盾，主要矛

盾或矛盾的主要方面在事物发展过程中处于支配地位，起决定作用。要分清主要矛盾和次要矛盾，矛盾的主要方面和次要方面，切忌“眉毛胡子一把抓”。在揭露问题类信息的调查研究中，要抓住存在的主要问题，集中力量调查清楚，不能把所有问题不分大小主次放在同等位置分析解决。

③ 要摆脱教条主义和经验主义的束缚，坚持一切从实际出发。教条主义和经验主义都是主观主义，主观主义是理论联系实际的大忌，一定要注意克服。不要一遇问题就找“本本”，也不要把局部经验绝对化，要结合实际寻求破解之道。这主要指在提出解决问题的对策时，一定要结合本地区的经济社会发展情况和监测工作实际，不能全凭书本上的理论知识或者照抄其他地区的经验。

（3）形成观点思路

观点和思路是研究的结果。通过对材料的梳理和辨证分析，要形成自己对问题的观点和解决的思路。那观点和思路怎样形成呢？观点要从材料中提炼，思路在观点中集成。观点和思路的形成过程，要把握好如下三点。

① 着眼点要高。要注意调查对象的特殊性和全局的一般性，善于由表及里、从小看大，在特殊性中发现一般规律，从而提炼出对全局具有普遍指导意义的意见和建议。要树立全局意识和大局观，注意从国家和人民利益的高度思考问题，尽量避免受部门利益、地区利益的影响，力求找出正确对策。

② 落脚点要实。要关注长远、谋在当前，把落脚点放在解决社会现实问题上，并提出切实可行的措施，不能笼统含糊或者空发议论。

③ 出发点要正。要以高度负责的态度反映情况和问题，不说无根据的话，不下没有把握的判断；提意见和建议，不能怀邀功之心、存名利之念，或者满足于完成任务了事，否则在选材和提炼观点时就难以客观，所提意见就难免偏颇。

四、综合调研类信息编写的原则与要求

调查研究的最终成果体现在信息的写作上。通常来讲，环境监测综合调研类信息是所有业务信息当中篇幅最大，承载内容最多的一种，有着与其他信息体裁不同的编写要求。监测综合调研类信息由于调研形式、内容和目的不同，也会有多种不同的布局形式。但无论形式如何变化都应该包括三个方面：“是什么”“为什么”“该怎么办”。“是什么”就是真实的状况，发展现状、主要成绩、存在问题等既成事实都是现状；“为什么”就是原因，经验是成绩的原因，教训是问题的原因；“该怎么办”就是对策，提出该怎么办的建议。因此，监测业务类调研报告的主体框架应由现状、原因、对策这三个方面的内容所组成。

1．客观全面描述现状

描述现状是监测综合类调研信息写作的第一部分，能够让读者对调研主题的整体情况有一个概括的了解和掌握，也是对原因分析和对策建议部分的铺垫。对现状的描述应本着实事求是，全面客观的原则，内容要真实全面，既看到成绩也看到不足。在描述现状时，要善于运用概括性材料和典型材料来说明观点。概括性材料是对事物的总体情况或一般情况作概括说明和交代，用于说明事物的概况，能够从总体上阐述观点。概括性材料一般放在段首，做概要式描述，帮助读者把握整体概貌。典型材料反映的是事物的深度，往往具有广泛的代表性和普遍意义，可以起到“以小见大”、“窥一斑以见全豹”的效果。典型性材料具有直观性、鲜明性，能给人以强烈的感受，大多用在概括性材料之后使用，进行典型印证，对概括性材料起强化和补充的作用。在运用典型材料时，还要注意贴切、自然，与观点结合紧密，水乳交融。可以用一个典型材料说明一个观点，也可以用几个典型材料强化一个观点。

2．深入透彻分析原因

查找原因是综合调研类信息的重要组成部分。这里所说的原因分析，可能是对取得成绩经验的原因分析，也可能是对存在问题的原因分析，具体情况要看该篇信息是总结经验型还是揭露问题型，抑或是反映情况型。总结经验型信息的分析原因部分相应地应该变成“主要做法”，介绍取得成绩的做法。而揭露问题性和反映情况性信息就是分析原因，分析造成问题或者监测工作出现新情况的原因。无论是何种类型的信息，在分析原因或者介绍主要做法的时候一定要深入透彻，抓住主要矛盾，透过表面现象看到问题的本质。在分析原因时要善于运用对比性材料来说明和支持观点。对比材料可以突出特点，鲜明地显示事物之间的差异。用对比方法说明观点，可以有多种形式，如用历史材料同现实材料对比、用先进地区的材料与落后地区的材料对比、用点上材料与面上材料对比等。“有比较才有鉴别”，从材料的对比中，常常可以使观点更加鲜明，给人以更强烈、更深刻的印象。

3．结合实际提出对策

对策性是综合调研类信息有别于其他文体的一个很重要的特征。调研报告的价值主要体现在对策建议上，即回答怎么办的问题。因此，除了有特殊要求以外，调研报告不能光摆事实，更不能发空议论，讲大道理，而是要针对实际问题，提出解决的办法。写好对策是重头戏，关系整篇文章的质量和整个调研的成败，需要做大量的前期工作，要在摆明情况、找准问题、说透原因之后，提出切实可行的对策。

写好对策，要注意如下几点。

① 针对性。就是要对症下药，针对你调研的情况、反映的问题和实际工作需要提建议，不要扯得太远，不要大而无当。监测领域的综合调研类信息的对策写作尤其要注意把握针对性，要提出一些能够切实解决问题的对策，而不是“放之四海而皆准”，对解决监测问题毫无作用的对策。

② 科学性。它主要指所提建议应言之有据、持之有理、判断准确、思维严密、推理合理，符合客观规律。能从大局出发、着眼全局、标本兼治，将眼前利益与长远利益、局部利益与整体利益结合起来。具体到监测领域，把握对策的科学性就是要使所提对策建议既符合监测工作实际又与环保工作大局紧密结合，不违背环境保护的大政方针政策。

③ 可行性。对策的可行性主要指提出的建议、意见和要求，应具有实施的条件和可能，操作性强。一项好的建议必须兼顾需要和可能，要是经过努力可以做得到的。做不到或者要过很长一段时间才能做的事，就不能瞎出点子，以防止陷领导于被动之中。同理，对监测工作提出的对策建议一定要注重可行性，要提一些通过监测系统内部自我努力，或者经过管理部门统筹协调能够实行的对策。不要提一些在现有体制机制和外部环境下无法兑现的对策，否则达不到调研的目的，不利于问题的解决。

调研报告写得好不好，绝不仅仅是文字表达能力的问题，而是一个人政治素质、理论水平、政策水平、思维能力、专业知识和写作技巧的综合体现。因此，我们必须刻苦学习，勇于实践，善于总结，全面提高自身素质，继而提高调研和写作本领。

第七章　环境监测业务信息写作技能培养

信息写作是一门学问，它需要信息员对所报道的客观事物有全面的理解和认识，也需要具备较强的文字表达能力。这些能力和素质的养成，是在信息员的反复实践中逐步实现的。它既是知识长期积累的过程，也是思想日臻成熟的标志。想成为一名优秀的环境监测信息员，需要从如下几方面培养写作技能。

一、加强学习，丰厚文化底蕴

环境监测信息员担负着传播监测资讯，引导监测舆论，建设监测文化的重要使命。通过不断丰厚文化底蕴提高个人职业素养和业务能力，这是通向成功的重要途径。

文化底蕴包罗万象，是一个较为宽泛的概念。具体到环境监测写作，主要是指为更好地完成环境监测业务信息写作和传播所应具备的相关业务知识，尤指形势政策、方针和监测业务等。信息员的文化底蕴，直接关系到监测信息的甄选、撰写和编辑，影响信息生产和传播的效果。因而，只有熟知更多新鲜、前沿的知识，才能准确有效地把握、完善监测信息，掌握写作监测信息的主动权。

1．熟悉监测业务

环境监测是一项技术性、专业性和规范性极强的工作。因此，信息员要写出有深度的精品力作，必须熟悉环境监测具体业务，才能更有针对性地收集、整理相关业务信息。

近年来，随着党和国家对环境保护工作重视程度的提高，环境监测领域也在不断拓宽，技术规范更新较快，要求信息员快速了解并掌握专业知识，尤其环境突发事件的发生，需要第一时间报送信息，而且报送频率加快，这对信息员的专业素质提出了更高要求。监测领域的专业素质主要涉及环保法律法规、环境质量标准和污染物排放标准、环境监测现场监测基础和实验室分析技术基础以及水、大气、噪声、生物、土壤、海洋、固体废物环境监测业务基础知识等；同时，更需要对自己所在单位经常需要报送的方向及题材知之详尽，烂熟于心。

另外，特别强调的是，信息是大众读物，不是学术论文，而监测信息本身又具有很强的专业性，这就产生了矛盾：既要讲求科学的深刻和准确，又要让普通大众能够理解、接受。不管两者兼顾起来有多难，我们都不能放弃努力，力求表达口语化、大众化、通俗化。

2．掌握形势政策

信息写作的选题、构思、立意离不开对环保形势的深刻把握。这就需要信息员增强新闻敏感性，经常研读关于环境保护方面的新闻报道、领导讲话、文章言论等，做到审时度势，在总揽全局中透视问题，及时掌握本行业、本单位的最新动态和重点工作，了解社会上近期发生的重大事件。这样，写出来的信息才能把握时代主题，才能被大多数人认同。譬如，当雾霾天气出现时，相关的环境监测信息要及时跟上，要具体分析和说清当地雾霾天气和空气质量的现状及成因，也要为雾霾天气与空气污染应对与治理提出合理化建议。

3．涉猎相关知识

人们常说："读书破万卷，下笔如有神。"但凡优秀的信息员无一不是知识渊博者。因此，信息员不能故步自封，既要夯实写作理论、技能、语法修辞运用，阅读古今中外文学名著，又要学习马克思主义新闻观、传媒政策和法规；既要重点学习环保、环境监测方面的法律规章和制度，又要广泛地涉猎和浏览历史、地理、法律、社会学、心理学以及信息论、控制论、系统论等新兴学科知识。信息员涉猎的知识越丰富、视野和思路也就越开阔，并且有助于增强捕捉信息的敏感性，及时发现信息线索，挖掘信息题材；只有厚积薄发，融会贯通，才有可能撰写出好文章、好信息。

二、留心观察，力求见微知著

观察事物的能力是信息写作必须具备的一种能力，也是获得第一手感性材料的重要途径。

培养观察能力，应注重如下方面。

1．培养观察习惯

国画大师齐白石先生为了画好虾，曾用玻璃瓶养虾，有空就进行观察。他笔下的虾栩栩如生，惟妙惟肖，这与他的悉心观察是分不开的。

环境监测信息员要自觉养成仔细观察的良好习惯。当你与同事聊天、拉家常时，当你置身环境监测现场、分析实验室内或厂矿企业的某一角落时，要善于观察身边所遇到、所发生的每一件小事、每一个细节，善于分析每一点有价值的信息线索，积极寻找可利用、有意义的素材。从目睹、耳闻，到笔记、心记，日积月累，获取信息的习惯也便养成。

2．掌握观察技巧

通过观察写出的信息报道，才能使读者如临其境、如见其人，增强信息的真实感。掌握观察技巧，就要善于捕捉表达主题的细节，观人于微，察事于细，造就一双“明眸”。信息写作都是对事实的描述，如何能胜人一筹，增强作品的感染力，关键在于对细节的把握以及观察活动中与联想互动而催生的意向观察，从而有重点地去观察。

观察的方法有很多，在信息写作中常采用的是全面观察法、比较观察法和多角度观察法。

全面观察法的技巧在于放开视野，从宏观层面掌握单一事物的过去、现在和发展趋势的全过程，“博观而约取，厚积而薄发”，尽可能多地去拥有丰富翔实的材料，这样才会更准确地把握事物的本质和规律。

单一观察某一事物或现象固然可以达到细微精准的境界，但其与众不同之处还是需要选取一个“参照物”进行比较。采用比较观察法更易找出事物差异、特点，从而分出高低优劣，“同中之异”才能保证和提高观察质量和效果。

多角度观察法，需要信息员从不同角度和视野去拓展思维，领略不同身份，换位思考问题。视角转换，所获印象不再单一或局限，见解自然独到、深刻，从而文章也能写出新意。

3．做好观察记录

俗话说“好记性不如烂笔头”，及时准确地记录当时的环境现状、描述行为人真实感受，做好观察记录，是获取详尽信息的第一手资料。信息员在听取领导讲话或知情人叙述时要全神贯注、思维敏捷、把握要旨，对情节模糊、笼统、抽象和前后脱节、自相矛盾、有悖情理之处，应当反复询问，以理清脉络、求得实情，使得记录的信息能为所用又经得起推敲。

观察记录最好采用当场记和事后写相结合的方式。当场记指的是有计划地安排记录或是主观意愿的即兴记录，观察记录需要边观察边思索，边把对事物具体形象的把握、自己内心的感受记录下来。当场记能及时把最直接的反应，头脑产生的灵动火花转化成鲜活、生动的文字，避免遗忘。当然，现场记录也可能字迹比较凌乱、肤浅，捕捉得不够精准，事后还需要对当场笔记进行整理，反复揣摩、回味，展开多方联想，深刻领悟观察对象蕴含的哲理，凝练概括出有条理的笔记作品。

三、深入思考，提出真知灼见

爱因斯坦曾说："学习知识要善于思考、思考、再思考，我就是靠这个方法成为科学家的。"书本上的知识再多，都是别人的，只有学有所思，才能为我所有。对信息员来说要努力培养敢于思考、勤于思考、善于思考的良好作风。

1. 树立敢于思考的勇气

解放思想是发展中国特色社会主义的一大法宝。要做到解放思想，首先就要敢想，也就是敢于思考。敢想需要有胆量，勇于打破惯性思维，真正从实际出发观察和分析问题。但是敢想又不是漫无边际地胡思乱想和不切实际地凭空幻想，而应立足于对客观实际的充分把握、对事物发展规律的正确认识。

当代中国正在发生广泛而深刻的变革，环保事业既迎来了良好的发展机遇，也面临着前所未有的挑战。树立世界眼光，加强战略思维，把握发展机遇、应对风险挑战，实现监测工作的转型发展，是摆在我们面前的一个重要问题。信息员要敢于思考，认真研究在新形势下环境监测工作中出现的新情况、新问题，充分把握新课题、新矛盾。培养独立思考精神，打破各种成见，多做理性分析，力避盲从跟风，在充分调查研究的基础上提出新见解、新思路、新举措，为领导决策提供良好的参考依据。

2. 培养勤于思考的作风

曾子曰："吾日三省吾身"，是说人需要每天多次反省自己，反省的过程即谓思考的过程。高水平的信息员，更需要勤于思考，把理论的结构、观点、思路以及分析论证的方法等诸多方面学以致用，融会贯通，从而冷静地判断局势。

勤于思考，可以及时理清自己的思路。当工作一段时间或干完一件事情之后，哪怕是阅读了一本好书、一篇好文章，看了一条好消息、写完一篇信息稿之后，都应及时地进行"过电影"式的回顾小结，将体会、收获和启示及时记录，完成从感性认知到理性认识的飞跃和升华。

3. 把握善于思考的方法

善于思考，就要求信息员遵循科学的思维方式，掌握正确的思考方法。

① 理论联系实际：坚持实事求是，是党的思想路线的根本要求，更是信息员采写信息的根本标准。特别是在编写环境质量类和综合调研类信息时尤应如此。坚持实事求是，就是既认真学习领会和贯彻落实党的理论、路线、方针、政策，又充分了解本地区、本部门、

本单位的具体情况，努力把两者有机地结合起来。切实掌握认识世界、认识客观规律的思想武器，及打牢坚持实事求是的思想理论基础；另外，还要加强党性修养，以坚强的党性来保证做到实事求是，做到讲实情、出实招、办实事、求实效。

② 抓住主要矛盾：唯物论告诉我们，主要矛盾在错综复杂的众多矛盾中起着领导、决定作用，规定、影响其他矛盾的存在和发展；找到主要矛盾，是解决复杂问题的重点。否则，思维就会陷入困惑，工作就会陷入混乱。主要矛盾解决了，其他矛盾自然迎刃而解。基层信息员工作繁重，如何在纷杂的事务中，厘清思路、迅速拿出方案，不仅需要灵活的思维，更要有把握大局的能力。要善于牵住“牛鼻子”，集中力量，着力解决牵动全局的主要工作、事关长远的重大问题、关系群众切身利益的紧迫任务，以重点突破促整体推进。

③ 辩证分析问题：一位伟大的哲学家曾经说过，“一个人不可能两次踏进同一条河流。”世界万事万物无时不在变化之中，所以我们要高瞻远瞩，不要以过去的事情论是非，也不要以现在的状况妄下结论。不要以孤立的、静止的、片面的眼光看问题，而是以辨证的、动态的、全面的、历史的、联系的观点看问题。要善于把感性的东西理性化，把零散的东西系统化，把静止的东西动态化，把抽象的东西具体化。

四、借鉴交流，博采众家之长

一篇文章如果从头到尾都是毫无新意的陈词滥调，其审美价值就会大打折扣。环境监测信息员要博览群书，通过借鉴与交流，学习别人的写作方法，拓展视野、开阔思路，充实知识、素材的储备量，在写作时灵活引用。

1. 研读媒体作品

如今是信息爆炸的社会，除了传统的报刊、杂志、电视等新闻媒体外，网络发布的许多信息也为我们提供了很好的借鉴，尤其是环保主流媒体——中国环境报、中国环境出版社和国家、省、市环保网、监测网等，可读性强、信息量大、特色鲜明，对其中的优秀作品要反复揣摩领会，汲取精华，以便在写作同类信息时得心应手。对于一些并不是很成功的作品，也需要批判性地研读，去粗存精，获取有用信息。

2. 借鉴范文写法

学习、借鉴、模仿范文的写法，是培养写作能力的另一个重要途径。古人写诗，往往也多模仿前人。如王勃的名句“海内存知己，天涯若比邻”，就是比用曹植的“丈夫志四海，万里犹比邻”里的诗句。现代作家碧野曾说过，他的写作就是从模仿开始的。信息员也同样离不开模仿。例如：鲁迅的《藤野先生》可学习借鉴选用典型材料写人的方法；老舍的《济南的冬天》可学习借鉴对选用景物的描写技巧等。

3．征询行家意见

信息员不是“全才”，在信息写作中经常会碰到专业性、技术性很强的监测业务问题，对此要多向同行请教，这样就不会说“外行话”，写出的信息也具有权威性和说服力。同时，信息员还要与写作高手多交流、多探讨，博采众长，尤其要多征询行家的建议意见，特别是不同意见，这样有益于站到全新的高度、从不同的角度全方位地检查文稿。每一个文字工作者都有自己难以察觉的缺陷或惯性思维，征询别人的意见有助于弥补个人写作的局限性。

五、勤于积累，丰富写作素材

积累资料，对于搞文字工作的人来说十分重要。搜集了解丰富的已知真理和经过验证的史实资料，才可能避免无效劳动和避免重复别人已经发现和解决的问题。对收集的材料加以概括归类、加以比较分析，才可能发现新问题，进行创造性的劳动。古人云：“收百世之阙文，采千载之遗韵。谢朝华于已披，启夕秀于未振。”亦即此意。

搜集不是对已有知识、经验加以复印、录制，也不是对既有知识的简单摘录。可见，搜集的过程也是一种创造性的活动，能增强信息员对已有知识、经验的感受，以备将来查阅，触发人的灵感或写作思路，从而形成有见地的观点和作品。

1．创新渠道载体

（1）重视网络媒体的运用

现代网络、多媒体技术，给信息员的写作带来极大的便利。网络所覆盖的信息量是任何一座藏书丰富的图书馆都无法相比的。通过网络，可以获得最快捷、最大量、最新近的信息资料，而且可进行存储、编辑、检索等。只要轻敲键盘，所需资料即唾手可得。作为信息员，尤其要多看多收集本系统的网络信息，经常下载以备日后写作所用。

（2）建立报刊杂志剪贴本

报刊杂志中的一些资料，内容繁多而分散。因此，信息员可以通过编制目录索引卡片，将刊载了所需内容的报刊杂志分类加以保管，并且按年装订成册，这样既可以使所积累的资料形成系统，又可以在使用时便于参阅比较。

（3）建立分类笔记本

记笔记可以促使信息员对所接触事物的理解形成自己的看法，运用这些资料便于分析研究解决工作中的问题。分类笔记所收录的资料可分为两类，一类是通过阅读学习、参观考察和听课培训等活动取得的知识和经验；另一类是在实际工作中直接积累的资料和工作体会。

（4）广泛藏书

文人学士都有嗜书如命、孜孜以求、穷搜苦寻之精神，此精神贯穿于中华民族对纸质图书热爱的优良传统。国际上很少有专门出版环境图书的出版社，中国环境出版社就是这样的一家出版社，年出版各类环境图书数百种之多，具有巨大而丰富的环境知识和信息。藏书不完全是学问家之好，也非贵族高官之专利。后魏元顺，以其“家徒四壁，无物敛尸，止有书数千卷”而留芳于世。读书、嗜书、藏书应成为中华民族的一种风尚，信息员尤应如此。

2．把握方向范围

搜集材料时应当注意与撰写任务、信息主旨的相关性，也就是要把握一定的方向、范围和重点。如编写环境监测某专项工作的信息时，其要领是：首先学习相关的上级文件，领会精神实质，然后查阅上级部门已颁发的相关政策、规定，查阅手册、年鉴等工具书及报刊、杂志上相关的情况报道和国内外特别是环保系统内的工作进展或研究成果。在这一过程中，始终应注意查阅、收集围绕本单位该项工作的各项统计数字以及信息、简报、总结、报告、会议纪要等相关资料，这样才能做到上下左右情况通达，全局了然于胸，命笔瞻前顾后，下笔紧扣主旨，行文如走蛇龙。

3．掌握技巧方法

信息所需的资料搜集工作应当做到如下几个结合。

① 专题搜集和广泛搜集相结合。广泛搜集与专题搜集是相辅相成的。广泛搜集会相应地丰富专题搜集，而在大力进行专题搜集的同时，也要注意其他门类知识的采撷，这往往使收集者发现专题项目与其他门类知识的神妙联系，在两者相互撞击中闪烁出创造的火花，形成深刻而奇妙的写作灵感。

② 抄录与转述相结合。当代社会，各种名篇浩如烟海，各类刊物缤纷杂陈，信息员为了储存资料，可采取抄录式和转述相结合的方式。抄录式搜集可以只抄录几句，也可大段或整篇抄录，若其文章篇幅过长，也可进行转述，转述应注重其完整性，更应准确地把握

其基本观点和逻辑思路。此外，要注明资料的出处，包括文章的标题、作者姓名和发表时间等，这样有助于查验考证、增加印象、启发思考，丰富感知内容。

③ 征集与分析相结合。征集作为收集资料的途径之一，在现代社会越来越受到重视。其方法是，首先确定征集范围和内容、时间及要求，然后向相关单位或个人下发通知或公告，最后收集汇总。这种方式简易，便于交流，并且能了解每一位资料提供者对资料的主观态度，这对于开阔搜集者的思路大有裨益。因此，资料汇总后必须尽快地进行综合分析，写出研究成果。

六、笔耕不辍，激发写作灵感

在信息写作中，练笔力对于信息员来说非常重要。俗话说，眼过千遍，不如手过一遍。勤于练笔，多写文章，尽量做到一天也不要间断，是消化知识、提升学习效果的有效途径之一。

著名作家契诃夫死后，他的夫人在他的一摞笔记本中发现很多一段一段的话，这里面不仅有契诃夫平日里看到、听到的事物，还有他所感悟和思考的东西，准确地说，这些片段，都是契诃夫平日里随手记下的，但可以肯定的一点是，这些手记对契诃夫的写作有很大的帮助。

我国宋代有一位著名诗人梅尧臣，凡外出游玩或访亲会友时，总会随身携带一个号称“诗袋”的布袋，看到新鲜事物或美丽景色，立即用笔记下，投入袋中。长此以往，梅尧臣的诗作获得了很高的成就。

这些都是古今中外前人的经验，对从事信息写作的人来说，这些经验是完全可以借鉴运用的。

1．经常写，做到持之以恒

基层信息员工作繁重，但是再繁重，也要经常编写监测信息或文章，把写作当成一种习惯，贯穿于工作和生活的始终，持之以恒，让手中的笔永不停歇。工作中，即便不用编写监测信息，不用做会议记录时，主观有意识的观察，抑或是偶然发现，无论是大事，还是一些细枝末节，也要把所见、所闻、所想不失时机地记下来，哪怕是一句话、一个片段，甚至可以抄一段书、写点博客文章、给朋友写一段话等，习以为常地积累写作素材，从而锻炼文字写作能力。

2．用心写，做到山穷水尽

写作是制作文章的创造性精神劳动，是一个由“意化”到“物化”的精神生产过程，这种将思维成果转化为文字的艺术，需要思维的能动参与。当信息员面对社会、工作中丰富又芜杂的写作素材时，灵活运用形象思维、灵感思维和逻辑思维，穷尽所想，深入思考，通过头脑的加工对外界事物的感知和感情的激荡用心地进行广泛、深刻的提炼、扬弃、协调和升华。

监测信息要想写到“山穷水尽”，必须做到内容贴中心，内涵要深刻，题材有新意。

监测信息的内容要着眼中心，贴近中心，服务中心，把监测业务及与业务密切关联的工作作为主攻方向，在以监测为全局的大背景下审视、剖析新问题，这样才能不偏离正题。同时，通过“头脑风暴”搜罗可得到的素材，运用数字、案例、对比说理等方法写出事件本质，分析内涵要独到、有力。在推陈出新上一定要敢于打破陈旧的惯性思维模式，所表达的观点需紧跟甚至超越时代步伐，时刻以崭新的眼光和视角观察生活，用心发现、凝心结想，信息才会出新出彩。

3．主动写，做到抢占先机

写作本身是主观能动性对语言文字的再创作，积极发挥主观意愿是写作能否成型成功的关键因素。监测信息的编写同新闻报道一样贵在“新”，如何能先人一步，独占鳌头，需要我们的信息员在主动写的同时，内容上注重前瞻性、提高预见性和增强政治敏锐性。

① 注重前瞻性。信息员是监测信息传播的具体执行者，承担着向广大监测职工传播期待的、应当掌握而尚未掌握的时事信息的职责。面对各种思潮不断激荡、碰撞、冲击、融合的局面，信息员要能够挺立潮头，懂得分辨和筛选，善于接纳新想法，主动学习并将最前沿的监测思维模式，撰写成信息，传达给受众，为领导决策提供理论依据。

② 提高预见性。一篇完整的信息是对信息员综合素质的考察，是思想、生活、知识、语言表达等水平的综合反映。基于理论和事实基础所做出的对未知事件或结果的合理预见，也是信息能抢占先机的关键。经常性地主动预见可以拓展思维，未雨绸缪，是当好领导参谋的关键。

③ 增强政治敏锐性。政治敏锐性也是信息员的必要条件，监测信息带有一定的政治色彩，尤其是想做“第一个吃螃蟹的人”，更要具备政治风向的敏锐洞察力。拔得头筹的监测信息应该能传递社会正能量，时刻引导着正确的监测精神，只有这样，我们才能占领监测事业的精神高地，并不断推动其发展。

七、反复改，做到精益求精

“三分文章七分修改”，修改不仅是写好信息的重要步骤之一，也是综合运用写作知识的实际锻炼。尤其是那些重要的、篇幅较长的信息，更要经过反复修改方能定稿。信息修改的内容主要是：推敲观点、增删材料、核实情况、锤炼语言等。

1．推敲观点

一条好的信息或稿件，既包括信息的主题是否正确、深刻、新颖，也包括信息中的每个观点、政策、意见、办法等，是否符合党和国家的路线、方针、政策和法律、法规、规定、制度等。

2．增删材料

在对信息或稿件进行修改时，主要看材料用得多了还是少了。用得过多不仅没有必要，反而使信息冗长，甚至淹没观点，也往往使读者望长文而生畏；当然，材料少了则不能充分体现观点，缺乏说服力和可信度。因此，在信息修改过程中，信息的材料太多就要舍得删减，化长为短，变详为略，将交代过多、议论过多的无关描述、废话去掉，套话、空话一律删除。材料太少就得补充完善。此外，要检查材料和观点是否存在内在联系，观点和实例是否具有高度的一致性。对于不能说明观点的材料，再好也要删去，即使是自己很喜欢的句子，只要它脱离主题、有损内容，也要舍得割爱。

3．核实情况

真实是一切信息拥有价值和生命的基础。对于材料的核实工作，贯穿于材料准备过程中的占有、筛选、加工等各个环节。材料中的人名、地名、时间、数字等一定要准确，引文要恰当必要、文字无误、出处可靠，一旦发现疑点就要排除。特别是有些环境监测数据的计量单位、表述方式、评价依据，甚至一个符号，一旦出现错误，就会产生颠覆性的影响，后果不堪设想。这是一件严肃的工作，唯其如此，才能保证材料可靠，情况确实。

4．锤炼语言

语言是文章的第一要素，孔子说“言之无文，行而不远”，语言不美，再深邃的思想也会黯然失色，文章也会因此缺乏生命力。锤炼语言，就是检查信息在表述方法上是不是规范得体、文风端正，整体语言风格是否平实、简洁。在信息写作中，要注意选择性地采用群众创造的、有影响力的流行词语，不要使用只有自己能懂的口语、方言、土语、俗语、粗话、夹生语，或生造词、晦涩词、冷僻词等“另类”词语。切记信息用语要庄重而通俗，即使对“群众语言”非用不可的时候，也要谨慎，必要时加以注释。同时，要检查标点符号使用是否正确。

八、砥砺作风，培养职业情操

司马光说，“才德全尽谓之圣人，才德兼亡谓之愚人，德胜才谓之君子，才胜德谓之小人。”周敦颐的《通书·文辞》曰：“文所以载道也。”显然，一名优秀的信息员，必须注重良好的职业情操的培养，做到文以载道、才德兼修。

信息写作是一件苦差事，没有名，谈不上利，更比不了从事其他工作的同志那么风光，引人注目。因此，信息员要敢于吃苦，勇于较真，勤奋敬业。能以平常心态对待个人发展，不为岗位平凡所惑，不为名利得失所累，要在平凡的工作中努力提升思想境界、精神状态和道德水准，努力创造一流的工作业绩，达到“平凡之中的伟大追求、平静之中的满腔热血、平常之中的强烈责任”那样一种境界。

有了较高的道德水准，就有了经天纬地的使命感，就有了正道直言的方正人格，敢于为民请命，敢于为一切正义和真理摇旗呐喊、奔走呼号。当今时代，媒体众多，传播渠道多元。监测信息直接影响管理部门对环境形势的研判，事关监测工作的社会公信力。对于环境监测信息员来说，担负着客观、真实、及时地反映环境质量现状、变化及其特征规律的重要使命。一定要具备敢于担当的责任和勇气，认真践行监测系统职业道德规范，以此承担起应有的社会责任。

综上所述，信息员综合素质的培养并非一朝一夕之事，它与信息写作的实践相贯穿。信息员的成长需要不断学习、不断磨炼、不断摸索，才能不断提高。伴随社会进步，培养信息员素质的具体途径和形式也会得到不断发展，有待我们在今后的实践中与时俱进、不断总结，并将之升华，概括成有益于信息写作实践的理论基础。

附 录

首届全国环境监测业务信息优秀作品评选活动一等奖获奖作品

一、关注民生 江苏积极探索典型区域环境与健康监测研究

2012 年 5—6 月，江苏省环境监测中心积极参加“全国重点地区环境与健康专项调查”试点，在江苏省选择南京市高淳农药污染区开展环境与健康专项调查工作。通过调查，初步掌握江苏省高淳地区有机磷农药生产造成的环境污染对人群健康的影响程度，为加强环境与健康风险管理提供科学依据。

在相关调查成果的基础上，省环境监测中心选择毒死蜱作为有机磷农药的特征污染物，从特征污染因子的来源、分散途径、影响人群健康的介质进行布点监测。在调查区域，采集污染源、大气、水、土壤（包括尘土）以及农产品等不同介质样品环境样本 200 多个，取得监测数据 800 多个，系统分析了当地百姓长期暴露特征污染因子对健康的影响。

调查结果表明，农药厂周围 1 km 范围内毒死蜱污染较为严重，不适宜人群居住；扬尘是人群健康影响的重要暴露途径。据调查研究结果，提出了加强环境与健康风险管理的有关建议：

一是建立环境与健康综合监测预警体系，扩大调查范围，开展不同区域环境危害对人体健康影响的监测预警，研究、筛查与健康直接相关的主要特征污染因子，采取有效措施降低环境污染的健康损害风险。

二是加强环境与健康监测技术规范及风险评价标准研究，构建反映典型区域主要环境问题的评估应用方法，以进一步完善环境健康调查评估技术体系。

三是建立环境健康风险管理和信息发布制度，加强企业周边卫生防护距离百姓居住管理，加大信息公开，保障公众环境信息知情权。

二、积极主动作为 竭力攻坚克难
辽宁省环境监测实验中心为辽河“摘帽”保驾护航

作为辽宁人民的母亲河，辽河曾因污染严重，被国务院列入重点治理的“三河三湖”之一，为早日摘掉重度污染的帽子。自2008年起，辽宁举全省之力，制定了辽河五年“摘帽”工作计划，并启动了辽河治理攻坚战、“大浑太”治理歼灭战和凌河治理阻击战三大战役，开始集中治理辽河。2012年底，终于在全国率先完成“摘帽”任务，并创造了“五年摘帽三年完成”的辉煌成绩。

辽宁省环境监测实验中心在这一系列全省多部门联动的“摘帽”工作中，全程参与、全力配合、全心服务，按照省委、省政府的总体工作部署以及省环境保护厅的具体工作安排，开展了系列卓有成效的技术支撑工作，为辽河治理三大战役的成功推进起到了至关重要作用。

一是开展辽河流域预警监测工作。在辽河省界断面、主要河流支流入河口新建11个水质自动站，联合已有的13个水质自动监测站构成“辽河流域水环境风险评估与预警监控平台”，完善了全省地表水质预警监控体系。组织各地级市对辽河流域六大干流、18条河流、44条支流大小99个断面开展预警及加密监测，共动用人力2 200余人次，出具各类数据15万余个，现场监测及检查车辆行程60余万公里。通过预警监测，及时发现水质异常，分析查找原因，为彻底解决污染问题提供数据支撑。同时，开展了辽河干支流流量监测，结合不同季节，逐步明确保水质达标的生态水径流量，逐步建立污染排放与河流水质的响应关系，确保监测结果的代表性和预见性。

二是建立辽河流域水质会商制度。为推动辽河流域水污染防治工作形成了一整套环境监测、管理、考核体系，辽宁省环境监测实验中心切实推行流域水质分级会商制度，打破以往单纯的水质监测结果会商与治理措施会商的独立性，有效地将监测结果和治理措施有机地结合起来，实施辽河流域水质异常会商、月度水质变化情况会商和季节性水质比对会商，共同商讨结果、影响和治理措施，并发布《辽河流域水质监测月报》、《河流水质月报》和《出市断面水质监测月报》，有力地保障了辽河“摘帽”目标的顺利实现。

三是完善监测工作沟通协调机制。作为辽河“摘帽”工作监测组的牵头单位，辽宁省环境监测实验中心安排主要领导、主要部门专门负责此项工作，制定了完善的工作细则、人员分工及工作进度安排。组织各地级市做好水质监测数据档案建设，切实做到了数据准确、材料完整、内容清晰。同时，加大了与中国环境监测总站、省水利厅、辽河局、凌河局等部门的沟通衔接，逐步与各部门建立起水环境监测相关工作沟通协调机制，并配合环境监管部门开展日巡查工作，发现水质问题，及时查因溯源，开展综合整治。

四是加强水质基础监测能力建设。辽宁省环境监测实验中心在加快推进监测站标准化建设进程的基础上，以辽河“摘帽”为契机，进一步加强了水质等监测要素的整体基础监测能力建设，建成并运行了 4 000 余平方米的监测实验室，购置了 X 射线荧光能谱仪、HPLC、ICP-AES 等大型分析仪器 60 余台套，并针对辽河流域的具体水质状况及污染类型对水质分析技术人员开展了 20 余次相关业务培训，有效地保障了辽河“摘帽”各项工作的顺利开展。

三、以创先争优为抓手，提高环境监测服务效能

河北省环境监测中心站是环保厅下属公益性事业单位，现有干部职工 119 人，共有基层党组织 6 个，党员 79 名。作为环境保护的技术支撑单位，如何充分发挥基层党组织战斗堡垒作用和党员先锋模范作用，尽快完成环境监测转型，更好地服务于环境管理，为环境保护提供更加科学的技术支持，是我们面临的一项重大课题。经过近几年的不断探索和实践，党建工作发挥了重要的保障作用，创先争优已经成为促进业务能力提升的有力抓手。

1．做法及成效

自创先争优活动开展以来，河北省环境监测中心站紧紧围绕环境监测转型，不断提高监测人员的综合素质，始终将服务环境管理作为重大而紧迫的任务，高起点谋划，高质量推进，使整个活动呈现了良好的发展态势。

（1）围绕中心工作开展创先争优，环境监测业务能力显著提高。环境监测作为环境保护的“耳目”和“哨兵”，在整个环境管理工作中发挥着不可替代的作用，在全国环境监测转型的重要时期，结合创先争优活动的开展，我站从 2010 年开始，率先完成了对全省 11 个设区市的 52 个空气自动站的升级改造，并全部实现了联网实时发布，使得自动监测数据最大限度地排除了人为的干扰。2011 年研制成功了具有自主知识产权的水质自动站远程测控系统，完成了对覆盖全省流域的 31 座水质自动站的实时连续监测和远程监控管理，在真实、客观反映河北省河流断面水质情况，为政府环境质量目标考核、生态补偿等环境管理决策提供了及时、准确的监测数据。2012 年又开发了《河北省生态遥感解译标志库管理系统》，为河北省生态环境质量评价和县域生态考核等工作提供了翔实的数据。三项科研成果的转化，不仅在环境监测转型中迈出了可喜的步伐，同时也极大地提高了服务环境管理的能力。

（2）突出行业特点强化为民服务，帮扶带动的作用全面发挥。一是请进来全面带。针对全省环境监测网络不健全，各级监测站发展不均衡，三级站能力建设滞后的现状，我们将为民服务的重点定位在帮助设区市、扩权县监测人员业务能力提升上，先后接收了大名

县、邱县、廊坊等监测站 20 余名监测人员到省站学习，在业务科室进行轮岗培训。并针对普遍性的技术问题，2 年来面向全省环境监测技术人员举办了 10 余期培训班。二是走出去重点教。在解决普遍性的监测技术问题后，又在全省范围内进行了重点帮扶，针对各级监测站存在的个别技术需求，开展了“送技术下乡”活动，分别组织相关技术专家，进行了点对点的技术培训和指导。目前已经完成了衡水、邯郸、邢台、枣强、临城、永年、宁晋、大名 3 个地级市 5 个县级监测站的送技术下乡服务。项目涉及水、气和重金属的样品采集分析、质控以及大型仪器的使用和实验过程中的注意事项等。通过多种形式的技术帮扶，不仅将为民服务落到了实处，而且也促进了全省整体环境监测能力的提升，有效地推动了创先争优活动的深入开展。

（3）加强思想建设转变工作作风，社会责任意识和服务意识得到强化。一是面向社会强化责任。为加强思想建设，进一步培养全站干部职工的社会责任意识，我们持续开展了“走进城阳村——走基层转作风创先争优共建活动”。2010 年 4 月 11 日，我站党委与临城县城阳村党支部结成了基层共建党组织，全站职工对程阳村 107 名在校中小学生进行了一对一帮扶，资助资金 42 800 元，并在程阳村荒山荒坡上首期种植各类树木 900 余棵，建设了“生态林”。2011 年 4 月，进行了二期生态林的开发建设，种植各类树木 800 余棵，2012 年 7 月又对城阳村的老党员进行了走访慰问。在此基础上，2011 年底，我们又在全站发起了为石家庄市社会福利院捐款活动，为孤寡老人购买了 114 套价值 5 740 元的秋衣。不管是在“结对帮扶”，还是在募捐活动中，全站人员均积极参与，对活动表现出了极大的热情，用实际行动回报着社会。二是立足岗位展示形象。为进一步转变工作作风，强化服务意识，我们实施了“亮牌工程”。将每一位同志的“个人座右铭”进行收集，并将这些饱含每名同志不同人生感悟和价值取向的格言警句，与个人信息、环保行风建设六项守则等，一起展示在各自的工位牌上。工位牌的设立，不仅营造了浓厚的创先争优氛围，而且也起到了自我教育、自我展示、自我激励的良好效果。

（4）注重机制创新营造创争环境，各项工作扎实有效开展。一是制定党支部建设长效管理机制。根据我站工作实际，我们制定了《河北省环境监测中心站党支部标准化建设考评办法》和《实施细则》。党支部标准化制度的实施，使得个别党支部存在的作用发挥不明显、不突出，规章制度不健全、不规范，组织活动不经常、随意性强等弊端得到了圆满的解决，党建工作的组织保障作用得到了发挥，实现了党建与业务工作的双赢。二是完善监督考核机制。通过廉政风险节点查找，制定分级管控措施，将创先争优活动与环境监测中心工作有机地衔接，分别纳入各党支部综合考评体系，在全站形成了齐抓共管的考核机制。在 2010 年全省廉政文化建设评比中，我站分别被省纪委、省直纪工委评为“廉政文化建设示范点”。三是完善业务学习机制。我站业务工作范围涵盖水、气、声、土壤、生态、海洋等环境保护的方方面面，为打造一专多能的专业技术人才，我们在站内开办了青年论坛。青年论坛以所从事的环境监测专业为主，每人均要结合各自的工作实践，从专业基础知识到前沿技术分别组织材料，进行系统的讲解。目前青年论坛已经举办了 6 期，从授课效果来看，达到了预期的目的。在开办青年论坛提高职工理论知识的基础上，结合“全国环境监测技能大比武”、“全国环境监测应急演练”，我们相继组织了岗位练兵活动，在进一步提高职工的动手能力的同时，也营造了岗位创先争优的良好氛围。

（5）创新活动载体提供精神动力，党建工作的影响力大大增强。一是开展思想道德教育活动。在教育活动中，我们以强化个人素质提升为主，将宣传、教育、体验有机地结合，相继组织开展了“读一本好书”、“户外拓展训练”、“弘扬雷锋精神，争当监测标兵”、“廉政书画摄影展”、“重温井冈山精神”等一系列的活动，不断增强干部职工的时代责任感和历史责任感。在动车追尾事故发生后，我们又及时组织职工在全站开展了民主讨论，并向全站干部职工发出了爱岗敬业的倡议书。二是开展社会公益实践活动。组织发起了“结对帮扶贫困学龄儿童”、“环保进校园”、“为孤寡老人送温暖”等活动，在石家庄市大马村小学、东王小学开展环保宣传活动，组织部分学生代表参观了石家庄市污水处理厂，践行着环保从娃娃抓起的理念。三是广泛开展各类文体活动。针对广大干部职工的需求，我们相继成立了足球、篮球、羽毛球、舞蹈等 10 个兴趣爱好小组，并组织了科室之间的篮球对抗赛，站内足球赛，以及与兄弟单位之间的友谊赛，在丰富职工业余文化生活的同时，进一步增强了单位的凝聚力和向心力。这一系列的活动，处处体现着以人为本的理念，拉近了干部职工的心理距离，营造了和谐的工作氛围，也提高了党建工作的亲和力，增添了党建工作的感召力和影响力。

2. 收获与启示

开展创先争优活动是加强和改进新形势下党的建设的重大部署，从我站创先争优活动的具体实践来看，活动整体推进有力、成效明显。通过创先争优活动的开展，对如何进一步做好党建工作，主要有以下三点启示。

（1）党建工作只有与中心工作紧密结合，才能发挥应有的活力。在创先争优活动中，我站所形成的一系列科研成果在监测工作中产生了巨大的作用，促进了服务环境管理能力的提升，同时也说明一个事实，党建工作只有与业务中心工作充分结合，才能发挥党建工作的政治优势和组织优势，党员干部的积极性和争创热情才能被充分调动起来，才能自觉主动地融入到推动环境监测事业科学发展、促进环境监测转型工作上来。

（2）党建工作只有不断加强制度建设，才能使各项活动逐步走向规范。在创先争优活动中，我们根据单位的实际情况，制定了党支部标准化建设实施细则，使党支部活动逐步走向规范，不管是岗位争创，还是创建共建联系点，都开展得有声有色。所以，只有明确评判标准、健全运行机制，使创先争优内化于心、外化于行、固化于制，才能成为党组织和广大党员的行为准则和规范，才能成为党的先进性建设长效机制的重要组成部分。

（3）党建工作只有不断创新载体，才能进一步激发干部职工的工作热情。在创先争优活动中，我们根据不同时期的活动重点，不断改进和创新活动载体，进一步激发了干部职工的工作热情。同时我们也越来越感觉到，只有紧紧围绕科学发展，立足于监测工作实际，突出监测工作特点，科学设计特色鲜明、务实管用的活动载体，充分调动党组织和党员创先争优意识和智慧力量，才能使创先争优深入持久地开展，取得实实在在的成效，才能形成基层党组织和党员立足本职、自觉学习实践科学发展观、发挥先进模范作用的创先争优氛围，增强基层党组织凝聚力、影响力和亲和力，增强党员的先锋意识、发展意识和为民意识，进而有效凝聚全站干部职工的智慧和力量，实现环境监测事业的跨越式发展。

四、浙江全面完成饮用水水源地水质自动监测系统建设打造全国监测因子最为齐全的水质监测系统

2012 年 11 月 28 日上午，浙江省饮用水水源地水质自动监测系统建设项目工作验收会在杭州举行，标志着全省饮用水水源地水质自动监测系统建设工作已全面完成。

一直以来，浙江省按照国家有关监测规范要求，开展了县级以上集中式饮用水水源地月度水质人工监测工作，并在设区市级集中式饮用水水源地加测了每季度一次的生物指标和每年一次的水质全分析。但是监测方式主要依赖于人工采样，实验室手工分析，受人员编制和实验室仪器设备的限制，存在饮用水水源地水质监测频次很少，监测数据有限的问题，在一个监测周期内产生的水质波动往往不能及时捕捉，存在安全隐患，不能很好地满足当前饮用水水源地水质安全监管的需要。因此，通过构建浙江省饮用水水源地水质自动监测系统，实现全省县级以上集中式饮用水水源地水质监测数据的实时监测，有利于提升饮用水水源水质预警监测技术水平、提高饮水水源管理手段，可以最大限度地保障集中式饮用水水源地水质的安全。

2010 年，浙江省环保厅正式提出了浙江省饮用水水源地水质自动监测系统建设项目，省委省政府领导对此给予了高度重视。时任浙江省省长吕祖善特别为此批示：“此事是大事、好事”；陈加元副省长也批示：“在全省建设饮用水水源地水质自动监测系统十分必要，应争取在 2012 年前基本完成”。在 2012 年年初，饮用水水源地水质自动监测系统建设工程被列为浙江省政府 2012 年十方面实事之一。

浙江省环境监测中心作为项目主承担单位，在进行广泛的技术调研基础上，编制了项目建议书、可行性报告及初步设计，于 2010 年 11 月获得了项目初步设计批复，随后于 2010 年 12 月完成项目仪器设备招标，项目前期建设迅速启动。通过近两年的站房改建、仪器设备安装调试、单机测试及试运行，项目已经全部完成建设，并通过了站点单体验收。该

系统共有81个监测点位，资金总投入概算2.1亿元；总计监测设备88套，其中固定站71套，浮标站17套。本次建设共在81个饮用水水源地点位建设了88个自动站，能够分别监测和预警21个市级饮用水水源和60个县级饮用水水源的水质质量，基本实现全省县以上主要饮用水水源地水质监测和预警的自动化控制，能够实时反映饮用水的水环境质量和变化状况。同时根据站点条件，采取租用水库用房铁甲站房和集装箱式监测房等多种建站方式，特别是针对以湖库富营养化及藻类监测为主要目的的，首次采用了浮标站建设的形式。整套系统共有藻类、生物毒性及有机物在内的40多项指标，是全国监测因子最为齐全的水质监测系统。建成的中心管理控制系统，能够实现对81个水源地水质自动监测数据、视频图像的采集、传输、存储功能，并具备分析、发布、应用等管理功能；实现基于主干网的省、市、县三级数据审核上报；实现在紧急情况下预警监测能力。

浙江省饮用水水源地水质自动监测系统建设是一项符合生态文明建设，意义重大的民生工程。该系统有效地提升了饮用水水源水质监测技术水平、提高了饮水水源管理能力，满足了省和各级地方政府环境管理与决策的实时需要，为环境管理与决策提供高效有力的技术保障，为人民群众的饮用水安全提供了切实有效的预警手段，切实维护人民群众环境权益，为加快推进生态省建设，创造更加优美的生态环境发挥了积极作用。

五、统一中俄联合监测方法研究取得阶段性成果

从2005年2月启动至今，中俄界河水环境联合监测已经走过了7个年头，取得了丰硕的成果，成为世界跨界河流环境联合保护的典范。但由于监测分析方法的差异，两国现有的许多监测数据可比性不好，也导致管理上认识的分歧，因此，统一监测方法成为实现这一目标的关键和重点。为此，中俄两国协商启动了监测方法比对工作。

环境保护部和环境监测总站高度重视该项工作，组织编译了俄方的分析方法，统一了要求，制订了工作方案，确定了比对项目40个，第一批23项。从2011年12月开始组织两省区的8个相关环境监测站进行了第一批项目的方法比对工作，2012年7月26日在内蒙古自治区呼和浩特市作了会议总结。

通过比对有7 个项目方法和比对结果均一致；有5个项目方法有一定差异比对结果一致；5个项目方法不同比对结果一致；有3个实际监测可比性不好的金属；3个项目有比对存在系统误差。并得出以下结论：

一是两国的23个方法总体的比对结果较好，除高锰酸盐指数、乙草胺和磷酸盐存在系统误差外，均取得较好的可比性。

二是铁、锰、汞金属在分析方法比对中无很大差异但在实际监测中却存在较大的差异，说明采样、样品的预处理、保存、运输等环节仍存在造成差异的因素，需要进一步比对统一。

三是大部分方法的比对结果较好，但方法的快捷性、准确性和检出限等仍存在差距。建议统一到具备更先进的仪器设备的方法，以及预处理环节更少的方法。

四是可比性较好，方法也成熟的项目建议仍按各自的方法实施监测。

因此提出统一方法工作进一步改进的建议：

一是建议俄方组织更多的实验室开展与中方方法的比对工作，双方相互交换比对研究成果，共同探讨提高检测水平。

二是建议比对工作选择更具代表性的实际样品，模拟实际样品的采集至分析的全过程，设定不同的条件，研究可能产生实际偏差的原因。

三是进一步改善实验设备和环境条件，从根本上提高检测水平。

六、党旗引领铸忠魂　平凡岗位展风采

——湖南省环境监测中心站创先争优活动侧记

就是这样一支队伍，多年来，他们锐意创新，团结进取，在站长罗岳平、书记曾欢欣同志的带领下，建成了一支精干高效的团队；就是这样一支队伍，他们牢记宗旨，热情服务，用满腔的热忱和辛勤的汗水，谱写了一曲曲爱民奉献之歌；就是这样一支队伍，他们恪尽职守，励精图治，不断追求卓越，创造辉煌：继获得 2010 届湖南省文明单位后，再获第一次全国污染源普查先进集体、第一批全国重金属污染监测实验室单位、第一批全国通过标准化验收的单位以及全国环境监测系统信息工作先进单位、湖南省直单位模范集体、湖南省直五一劳动奖状、湖南省直模范职工之家、湖南省直十佳书香机关、湖南省环保厅双文明先进单位、湖南省环保厅创先争优先进集体等荣誉称号。谱写以上种种辉煌的，就是湖南省环境监测中心站。

岗位建功展风采

从 2010 年 5 月起集中开展“创先争优”活动以来，湖南省环境监测中心站紧密结合中心工作和党的建设实际，不断强化措施，持续推进深化，使活动取得成果，涌现了一大批可歌可泣的先进事迹。

2010 年 8 月，该站承办了全省环境监测技能竞赛暨全国大比武选拔活动，15 支代表队共 60 名选手参加了比赛。在优胜选手后期的封闭式训练中，该站全力准备“进京赶考”，最终湖南代表队以最佳的阵容、最好的精神状态、最优的后勤保障，赢得先机，在众多强手中，取得团体第 7 名、个人第 7 名的骄人成绩，充分展示了湖南环境监测系统的风采，开启了一种全新的专业技术人才选拔机制，也有效带动了监测技术水平的提高。

去年 12 月，该站环研中心接到任务，要在今年 5 月底前完成湖南省“十一五”环境

质量报告书的编制工作。该报告书包括水、气、声等八大方面相关内容，不仅意味着5年的环境质量监测数据累计，更要对近10年来的环境质量变化进行趋势和关联分析，任务异常艰巨。但课题组的同志们不畏困难，勇挑重担。加班加点，经过3个多月的努力奋战，终于圆满地完成了编制工作任务，并在全国“十一五”环境质量报告评比中荣获“二等奖”。

2012年春节前夕，广西壮族自治区龙江河发生重金属镉污染事故，情势十分严重。接到上级指令后，该站10名技术骨干在田耘副站长的带领下千里驰援开展应急监测工作。十多天的时间里，龙江河地区一直细雨绵绵，江边风力很大，潮湿阴冷，现场监测工作环境简陋，御寒措施有限，条件十分艰苦。但参战队员们不畏困难，干劲十足，昼夜坚持轮流值班采样、分析，为此次应急监测提供了科学、准确的数据，得到了环保部、中国环境监测总站和兄弟省份的一致认可和高度评价。

学习教育兴高潮

湖南省环境监测中心站高度重视学习型组织建设，近年来，建立了“周五学习”制度，开展了“学习月”活动和“三湘读书月”活动，不断把学习活动引向高潮，将2012年确定为“学习型组织建设年”，制定了活动方案，学习活动有序进行，初见成效。

建立全员业务培训机制。年初，制定了《2012年全省环境监测培训计划》、《湖南省环境监测中心站质量管理体系分批培训计划》等。按照这些计划，目前已举办各类培训班12期，培训750多人次。

开展环境监测标准和技术规范学习及知识竞赛活动。为搞好此次活动，该站组织有关专家拟订了《全省环境监测系统“大贯标”学习活动的标准及技术规范目录》和培训教材，组织专家通过视频讲课详细解析要点和难点问题，建立知识竞赛题库。并拟定于12月份举办全省环境监测系统“大贯标”知识竞赛。

开展员工读书活动。年初，该站给每个职工配发了《能力是证明出来的》和《优秀源于责任》两本书，要求全员精读，到目前为止，全站已提交读书心得体会30多篇，有的心得通过内网和《湖南环境监测》刊发，使学习成果互享。

打造学习平台。近年来，该站始终盯紧学科发展前沿，不断拓宽职工知识视野，通过《湖南环境监测》、宣传橱窗、内网、电子显示屏和手机信息以及印发《时势学习材料》，不断建立学习平台，展示学习成果，引导职工进行自学。今年以来，已印发《时势学习材料》110多期，《湖南环境监测》每月一期，定期出刊。此外，不断培养学习标兵，加大宣传力度，营造自觉学习、勤于学习、善于学习的良好氛围。

心系群众解忧难

湖南省环境监测中心站党委、支部和全体党员立足岗位“创先争优”，在为民服务中“创先争优”，忠实地践行着自己的庄严承诺。

“暖心工程”聚合力。积极开展对困难职工的激励、关怀、帮扶，切实让每个困难职工政治上进步、思想上提高、生活上改善，不断增强大家的政治荣誉感和经济富足感。今年3月，退休职工陈金宝因患前列腺癌，急需手术，面对大额的医疗费用，全站党员干部伸出援助之手，短短几天，就捐款7 000多元，当把这笔救命钱送到病榻前时，他流下了感动的泪水。

建设扶贫付真情。在上级的统一组织下，连续多年派出工作队员在张家界武陵源开展建设扶贫工作，帮助修建公路、人畜饮水工程、开通广播电视、培植农村经济，取得成效，受到好评。今年“六一”儿童节，站团总支带着全站党团员的一片爱心，给扶贫村留守儿童送去了3 000多元的慰问金、30多具书包、100余件学习用品和部分衣物。

技术援疆谱赞歌。2011年1月，新婚仅3天的该站分析技术中心副主任胡华勇同志，载着家乡领导的关怀，带着家人的牵挂与嘱托，来到祖国西北边陲——吐鲁番区环保局工作。今年4月，该站分析技术中心副主任甘杰再次响应上级号召，参加吐鲁番环保局为期八个月的技术援疆工作。两位同志克服气候、时差等困难，与当地环保局、环境监测站的同仁打成一片，谱写无怨无悔的青春赞歌。

尽职尽责为人民。湖南省环境监测中心站恪尽职守，心系群众环境安全。株洲中成化工有限公司保险粉仓库爆炸、资江邵阳段死鱼、永州双牌县全家洲环境污染、郴州资兴粗苯泄漏等多起重大应急监测和纠纷监测，社会敏感，技术含量高，该站迎难而上，充分展示了较强的现场工作能力，真正发挥了技术仲裁作用。针对有关电磁辐射的污染纠纷监测数据急增的情况，去年共完成移动通信基站和输变电工程电磁辐射纠纷监测97次，消除了公众的心理恐慌。

围绕中心强服务

湖南省环境监测中心站紧紧围绕全省环境质量改善、污染减排、监督执法、环境应急与纠纷调处等环保重点工作，圆满完成各项任务，切实提升了支持决策的能力。

开展饮用水安全、流域综合整治等问题的监测与研究，实现了湘资沅澧四流域水质全自动监测，完成《2011年全省环保重点城市集中式饮用水水源地质全分析评价报告》。全面分析“十一五”减排产生的环境效益，科学评价减排成效。

积极拓展环境质量监测领域。在科学论证的基础上，合理调整、新设了全省“十二五”期间地表水及底泥重金属监测点位，组织完成了2011年度地表水及底泥的重金属全分析，开展全省土壤环境质量例行监测。重金属监测与研究分析能力居全国领先地位，成国全国第四个获批的重金属污染监测重点实验室。继续推进农村环境质量监测，将试点村庄数量增加到18个，并在全国农村环境监测工作培训会上介绍先进经验。

开展全省24个重点生态功能区县域生态环境质量考核工作。今年以来，该站组成精干力量，兵分两路，跋山涉水，行程上万公里，对嘉禾、宁远、花垣、龙山、武陵源等8个县开展了全省重点生态功能区县域生态环境质量考核的现场核查工作。并在全国率先完成考核报告的编制，质量领先，客观评价了中央财政转移支付产生的生态效益。

全面加强生态与生物监测工作。组织开展了湘江流域和洞庭湖区域水生生物监测及鱼类残毒调查工作，丰富了评价水域安全的指标体系。联合洞庭湖生态环境监测中心启动了洞庭湖流域天地一体化生态监测。重新解译全省2000—2010年10年生态遥感监测数据，并顺利通过国家组织的质量检查。在中国环境监测总站的指导下，开展洞庭湖区生态环境地面试点监测作，取得了初步成果。

强化监测科研。两年多来，该站立足科研、夯实基础，2010年以来，先后完成了近10项标准方法修制定，编制了近100页的《环境应急监测分析技术研究》一书，在环境监测分析技术上逐渐在全国具有影响力，2012年6月顺利通过专家论证，成为第4家国家环保部重金属污染监测重点实验室。

加强突发性环境境污染事故的应急监测能力建设。2011年直接参与市级环境应急监测16起，指导市县监测站开展应急纠纷监测40多起，为环境管理提供了强有力的技术支撑。

七、冰川上矗立永不凋谢的格桑花

——海螺沟国家空气质量背景站建设

按照有关国家背景空气自动监测子站选址原则要求，根据我国生态、气候、环流的特点，综合考虑典型代表性（森林、草原、海洋、山地、高原）和均匀分布等整体监测网络需要。经各方面专家进行实地考察、比较及论证等工作后，环保部在我国共设置了14个环境空气背景监测站，四川海螺沟背景站是其中的一个，该背景站处于青藏高原下沉气流和印度洋暖湿气流入川的主要通道上，主要代表青藏高原区域高寒带区域背景空气质量。

海螺沟背景站站房位于海螺沟冰川风景区索道上站上坡红石滩旁，地理坐标：东经101°58′13″E，北纬29°32′59″N，海拔高度3 571 m。距离成都市距离约308 km，距离康定市距离100 km。2011年海螺沟站站点的最低温度为−21.8℃，最高温度为22.8℃，平均值温度为−2℃；相对湿度最高为100%，最低为10.6%，平均湿度为79.4%，气压基本保持稳定，最高气压为66.6 kPa，最低气压为62.4 kPa，平均气压为65.4 kPa；风速最大为7 m/s，最小 0.1 m/s，年均风速为 1.4 m/s。背景站于 2011 年 12 月 6 日通过了由中国环境监测总站组织相关单位组成的专家组的现场验收。

目前背景站对二氧化硫、氮氧化物、一氧化碳、臭氧、可吸入颗粒物（PM_{10}）、细颗粒物（$PM_{2.5}$）、气象五参数进行全天候 24 小时实时在线监测，根据国家目前环境管理和总体规划，按照国家规划步骤，今后将逐步实现酸沉降指标、有机物指标、温室气体指标、颗粒物组分和特殊组分、气象参数指标的监测。

海螺沟背景站・地理坐标

东经 101°58′13″E，北纬 29°32′59″N，海拔 3 571 m。

距离成都市约 308 km，距离康定 100 km。

海螺沟背景站・建设要求

最大抗风：8 级

最大抗积雪：50 cm

海螺沟背景站・环境空气质量

2011 年四川海螺沟背景站 AQI 指数最小为 1，最大为 46，对 AQI 贡献最大是 $PM_{2.5}$；海螺沟空气质量优天数为 100%。

按照 2012 年发布的《空气环境质量标准（GB 3095—2012）》评价，二氧化硫最大日均值为 0.002 4 mg/m^3，低于一级标准（0.05 mg/m^3）的 95.2%，平均值 0.000 7 mg/m^3 低于一级标准 98.5%。

二氧化氮最大日均值 0.005 6 mg/m^3；低于一级标准（0.08 mg/m^3）的 85.9%，平均值 0.001 8 mg/m^3 低于一级标准 95.6%。

一氧化碳最大日均值 0.944 4 mg/m^3；低于一级标准（4 mg/m^3）的 76.4%，平均值 0.355 3 mg/m^3 低于一级标准 91.11%。

臭氧最大 8 小时均值 0.095 7 mg/m^3；低于一级标准（0.1 mg/m^3）的 4%，平均值 0.061 5 mg/m^3 低于一级标准 38%。

PM_{10} 最大日均值 0.046 2 mg/m^3；低于一级标准（0.05 mg/m^3）的 7.5%，平均值 0.010 7mg/m^3 低于一级标准 78.6%。

$PM_{2.5}$ 最大日均值 0.035 9 mg/m^3；超一级标准（0.035 mg/m^3）的 2.5%，平均日均值 0.006 9 mg/m^3 低于一级标准 86.2%。

海螺沟背景站· 功能

（1）掌握大尺度范围内不受当地的局地污染源影响的空气质量和降水酸度及沉降的背景状况。

（2）系统地连续说明我国整体层面的和区域层次的环境空气状况、变化以及对自然资源和公众的影响。

（3）城市监测网络、农村监测网络联结在一起组成国家环境监测有机整体网络，实现系统监控污染物在大尺度环境中的迁移转化规律。

（4）对照说明周边区域对背景环境空气质量的影响，动态监测我国受周边国家污染物传输影响的状况，为环境分析提供科学的依据。

海螺沟背景站·搬掉“三座大山”成为建设奇迹

海螺沟背景站位于海螺沟核心风景区上索道站，这里常年积雪年平均值温度为−2℃。今天当我们走近海螺沟背景站时，每一个人都会为背景站钢铁雄浑的气势所叹服。有谁知道钢铁堡垒背后的艰辛？建设者们用责任与真情，在冰川上搬掉“三座大山”，保质保量按时间完成海螺沟背景站建设任务。

最艰辛：材料转运吃尽了苦头

2010 年 9 月 1 日，海螺沟背景站站房建设正式拉开帷幕。兵马未动，粮草先行——工程初期的材料转运，让建设者们吃尽苦头。

背景站站房建设点，距离海螺沟索道上站还有 500 m 距离。从山下转运过来的施工材料，只能用汽车拉到索道下站。如果全部靠人工肩挑背扛穿越冰川与原始森林把施工材料转运上山，半年时间也搬不完。所有施工材料只能靠索道缆车一车一车地转运，索道缆车载重量有限，而且材料转运必须避开周末、节假日客流高峰，施工材料全部转运上山竟然花费了两个多月时间。这里有施工方四川广安智丰建设工程有限公司的一组数据说明了海螺沟背景站站房建设转运的施工材料：

钢材 40 多 t；

水泥 100 多 t；

沙石接近 1 000 t；

保温材料 1 卡车；

…………

在高寒地带上修建这么一座全钢架结构的钢铁堡垒，施工难度难以被常人所想象。背景站由 12 根 1.8 cm 厚的钢板 H 柱支撑，每根钢板 H 柱重达 2.4 t 左右，远远超过索道缆车的承载能力。没办法，建设者们只能在索道下站把每一根钢柱切割成两半，每半截钢柱净重 1.2 t 左右，勉强能挤进索道缆车转运上山。钢柱转运到索道上站之后，到站房建设点的 500 m 距离只能靠人工转运。转运一根钢柱耗时 2 小时以上，每一次的转运过程都是那么惊心动魄：20 名工人喊着口号，在海拔 3 600 m 高度的稀薄空气中艰难地挪动，硬是用愚公移山的精神将 24 根半截钢柱转运到建设点。最后，再把 24 根钢柱重新焊接为 12 根整体支撑 H 型钢柱。

最艰苦：冒雪施工赢得了时间

建设点常年积雪，年平均值温度为−2℃，真正适合施工的时间只有每年 5 月到 9 月短短的 4 个月。然而工期不等人，为了抢在 2011 年 6 月之前完成站房建设任务，建设者们迎难而上，在寒冷的冬季冒雪施工完成了不可能的任务。

冰川上的天气变幻无常，刚才还能正常施工，一阵冷风吹来乌云，马上就是雨雪交加。顶风冒雪在这里成了家常便饭，建设者们抢时间完成钢架结构搭建。

在寒冷的冬季如何让混凝土不结冰，保证楼层间浇灌的混凝土正常凝结成型？建设者们想尽了办法：顶上是保温材料遮盖，四周再围上彩条布，然后再用多盏高瓦数的白炽灯加热……在滴水成冰的冰川上，建设者们再一次完成混凝土浇灌任务抢得了时间。

在海拔 3 600 m 的冰川上，冒着风雪进行着高强度的体力劳动，很多工人都患上了剧烈的高原反应，最多坚持 1 个月就要下山到低海拔地区休整。施工方只能采用多批工人轮流上山的方式保证站房建设的正常运行。整个工程期间一拨又一拨工人轮流上山，施工方前后派遣了 100 多名工人上山参与土建施工。

最艰难：设备调试争分夺秒

2011 年 3 月，土建工作还在继续，仪器设备开始进场，在简陋的环境里开始艰难的安装调试工作。

好容易把仪器安装到位，三天两头停电让设备调试时断时续。往往仪器还没有正常预热就遇上停电，没办法所有调试工作只能从头再来。正常情况下一天就能完成的工作，在这里要花费两三天，甚至一个星期才能完成。工作人员只能加班加点，争分夺秒完成设备安装与调试。

如何让监测数据传送出去？在平原地区看似很简单的问题，在这里又是极大的难题。传输数据的光纤、专线？想都不要想，这里只有微弱的手机信号。最后大家想到了放置无线通讯直放站，将微弱的手机信号放大后将数据勉强传送出去。尽管如此，海螺沟背景站的数据传输工作仍然受天气影响比较大，一遇上雨雪天气手机信号更加微弱，所有数据传输只能暂停，无法满足数据上传要求，当数据长时间滞留，自动站维护人员必须及时前往子站重新启动数据采集、传输仪器，保证在信号满足时及时将滞留数据传输至中国环境监测总站和四川省环境监测中心站。

畅想明天：格桑花会更加娇艳

2011 年 5 月 28 日，海螺沟背景站传送出第一批数据。2011 年 12 月 6 日，海螺沟背景站通过了由中国环境监测总站组织相关单位组成的专家组的现场验收。在工作人员的精心呵护下，海螺沟背景站已正常运行 1 年时间。

海螺沟背景站的建设工作，受到了各级领导的关注与支持。环保部监测司原司长魏山峰在工程建设期间亲临现场指导工作，中国环境监测总站罗毅站长于 2012 年 3 月 26 日亲临现场视察背景站运行情况，对海螺沟背景站的建设和运行工作给予了高度的评价。四川省环保厅、省中心站、甘孜州环保局领导更是多次亲临现场，海螺沟背景站的建设与运营，与他们的心血是分不开的。

从全国目前 14 个国家空气背景自动监测站反映的数据看，海螺沟空气背景自动监测站监测的 PM_{10}、SO_2、氮氧化物指标是最优的，空气质量最佳，该数据还将通过环境保护部权威发布。

目前海螺沟背景站对二氧化硫、氮氧化物、一氧化碳、臭氧、可吸入颗粒物（PM_{10}）、细颗粒物（$PM_{2.5}$）、气象五参数进行全天候 24 小时实时在线监测，根据国家目前环境管理和总体规划，按照规划步骤，今后将逐步实现酸沉降指标、有机物指标、温室气体指标、颗粒物组分和特殊组分、气象参数指标的监测。

这里的明天会更好，冰川上的格桑花会绽放得更加娇艳。

维护员柔弱的身躯　坚强的守护者

通过太多人的不懈努力，海螺沟背景站建立起来，而且顺利地传输数据，但是另一个严峻的问题摆在了领导的面前——谁来负责背景站的运行？

这时国家空气背景自动监测站，总站委托四川省站进行管理和维护，站里将这个艰巨的任务放到了廖乾邑的肩上。一个不高，身材瘦小，戴着眼镜，看上去斯斯文文的小女生，从背景站建设开始，就能在海螺沟几千米的冰川上发现她的身影。从背景站建设到正式运行后，需要时时监控设备运行情况，省站在磨西镇当地聘请了一个值守人员，但小廖仍需要每个月定期上海螺沟一趟，进行设备的校准等维护工作。

根据领导的安排，我在今年 5 月初随她去了一趟海螺沟背景站，去体验了一次那样的工作环境。简单说明一下我们这次的行程和工作安排：第一天上午 10 点左右出发，经过 300 多公里的颠簸在下午 5 点过才到达海螺沟山脚下的磨西镇，这地方也是每次过来的落脚点。当天晚上住宿在镇里的小旅店。第二天一早上山，背景站位于核心风景区，我们经过一个多小时车程抵达景区索道下站，过索道后步行爬山 500 m 到达站房。接下来，廖乾邑开始了一天的工作，检查仪器，校核设备，培训工作人员一系列的事情，按部就班，有条不紊。4 点之前赶在索道关闭之前下山，回到旅店，然后重复这样的工作直至返程。

我们的行程结束了，但是小廖每个月都需要重复一次这样的旅行。对于第一次到海螺沟的我来说，除去了高原反应带来的不适之外，整个过程都是兴奋的，毕竟是一个国家级 AAAA 级风景旅游区让我十分开心，景色优美，冰川壮观，连下雪都是一件值得欣赏的事情。可是，如果你每个月都来海螺沟一趟，每次都上来工作，连续三个月、十个月、一年多，你就不会觉得这是享受了。

里面有许多的故事，请容我一一道来：

天寒地冻的工作条件

因为不知道山上的天气情况，出发的前一天我特意征求了小廖的意见，她说山顶上的天气变化大，即使夏天进山她也会带上四季的衣服。虽然在成都已经开始穿着短袖 T 恤，但我还是果断地带上了一件羽绒服。果然，我们到站房的当天就下了鹅毛大雪，室外温度 −4℃，我那件一度被他们嘲笑的羽绒服派上了用场。可以想象，如果是秋天、冬天上山，那常年积雪的山顶是有多冷，而站房里面并没有过多的保暖设施，她需要在山上待上大半天，情况可想而知。

条件简陋的工作室

一般上午到站房之后，下午工作结束之后才离开，中午饭怎么解决呢？海螺沟背景站位于核心风景区，为了保护当地脆弱的自然生态环境，这里是严格禁止动用明火的，解决午餐的唯一方式是方便面。站房里面有一个烧水的电水壶，这就是我们仅有的炊具。矿泉水和方便面也只有从山下搬运上山，在海拔 3 600 m 高度的稀薄空气中水是烧不开的，半开的水泡上方便面，再加上一小截火腿肠，在飘雪的天气中，她吃得有滋有味。

面面俱到的工作内容

在站里的时候，小廖需要每日收集各子站监测数据，监控各子站仪器状况；并对自动站小时数据的有效性进行审核，每日 12 点至 1 点准确报出日报；另外还需编制日报、周报、月报、季报、年报。每次到了背景站，首先检查子站各实验室接地线路是否可靠，排风排气装置、排气口、仪器排气口、消防器材、检查仪器、标气源、通讯、电源及辅助设备是否正常，对站房周围的杂草和积水应及时清除。然后是针对设备的，更换进气口过滤膜，查看、记录、判断仪器各运行参数是否正常，并记录；对二氧化硫、氮氧化物、一氧化碳、臭氧自动监测仪器进行流量检查、单点校准（每台仪器需要 2.5 h）；在做校准时，同时更换 TEOM 颗粒物自动监测仪采样膜，测试、校准主流量、辅助流量，更换滤膜、过滤筒等其他耗材，清洁采样系统、PM_{10} 和 $PM_{2.5}$ 采样切割器；同时备份系统的仪器单机、工控机监测数据；还要查看当地维护人员记录是否准确、完整，根据记录及数采仪上的数据判断工作是否完善，对其进行培训，督促他进行仪器设备的维护、校准等工作。

体力工作照样干好

从索道上站到站房，有 500 m 的上山坡道，终年积雪的山路，虽然有石阶，但是空手的我有几次都险些摔倒。而每次到背景站必须携带一定的仪器和器材，我们这次上山就需要把用完的气瓶搬下去，想想这十几斤的气瓶，海螺沟 3 600 m 的海拔，看着她瘦瘦的身体，我都担心她是否吃得消。但是她最后还是把气瓶扛到了索道站，一路上还有说有笑，还担心我第一次上来会有高原反应。

转过身，看到背景站矗立在雪山上熠熠生辉，想到她为此付出的艰辛努力，没有人不佩服她的坚强，她的毅力，她的敬业，这就是背景站的守护者——廖乾邑。

八、天津市积极开展监测能力建设与数据发布的准备工作

为满足人民群众了解环境空气质量的需求，全国“两会”前夕，新修订的《环境空气质量标准》正式发布，新标准将 $PM_{2.5}$ 纳入了常规监测范围。国务院总理温家宝在十一届全国人大五次会议上作政府工作报告时提出，今年在京津冀、长三角、珠三角等重点区域以及直辖市和省会城市开展细颗粒物（$PM_{2.5}$）等项目监测。按照国家统一部署，天津市目前正在积极开展新增监测项目的准备工作。

与原《环境空气质量标准》相比，新标准强调以保护人体健康为首要目标，调整了环境空气功能区分类方案；调整了污染物项目及限值，增设了 $PM_{2.5}$ 平均浓度限值和臭氧 8 小时平均浓度限值，收紧了 PM_{10} 等污染物的浓度限值；收严了监测数据统计的有效性规定，将有效数据要求由 50%～75%提高至 75%～90%；更新了二氧化硫、二氧化氮、臭氧、颗粒物等污染物项目的分析方法，增加了自动监测分析方法；明确了标准分期实施的规定。

关于 $PM_{2.5}$ 的监测，我中心从 2008 年奥运会前就选取了一个点位开展了研究性监测，到 2011 年底逐步完善到 10 个监测点位具备 $PM_{2.5}$ 监测能力。3 月 10 日天津市首次在中心外网网站发布国控子站监测中心点位 2008—2011 年试点研究监测数据。研究性监测点位 $PM_{2.5}$ 浓度年均值在 0.050 ～0.061 mg/m^3，$PM_{2.5}$ 浓度占 PM_{10} 浓度的 50%～60%，年际变化趋势为基本持平。

此次根据国家要求和天津市实际，天津市将在 2012 年 4 月开始公布 4 个监测点的 $PM_{2.5}$ 监测数据，2012 年 11 月发布所有国控点 $PM_{2.5}$ 监测数据。2013 年 2 月，发布包括国控点

和市控点在内 27 个点的全市监测数据。按照上述计划发布新增项目监测数据，时间紧、任务重、难度大。需要调整和优化环境空气监测点位，进行仪器设备的采购、安装、调试以及评价发布软件开发、监测数据质量控制和人员培训等一系列准备工作，确保监测数据客观公正。

为确保按期实施新修订的《环境空气质量标准》，做到测得出、测得准、说得清，监测中心积极筹划、精心准备，严格按照国家和市里的统一要求，有序推进 $PM_{2.5}$ 监测和数据发布工作。

九、空气质量新标准评价结果显示合肥市空气质量优良天数比例下降近四成

合肥市属于国家空气质量新标准第一阶段实施城市，目前，合肥市各个国控监测点位已完成设备安装并开展试运行，计划 2012 年 11 月 30 日按空气质量新标准要求开展监测并发布数据。

1．近期合肥市环境空气质量状况

合肥市 2012 年 10 月 20 日至 11 月 22 日试运行监测数据统计分析结果表明：与采用老标准评价相比，由于空气质量新标准调整了污染物项目及限值，按空气质量新标准评价，合肥市空气质量优良天数比例将减少 32.3 个百分点、下降近四成，首要污染物也由 PM_{10} 变为 $PM_{2.5}$，但这并不意味着合肥市城市环境空气质量恶化了，而是因为标准加严、提高了。

老标准评价结果：采用 SO_2、NO_2 和 PM_{10} 3 项指标进行统计，合肥市优良天数所占比例为 79.4%，首要污染物和超标污染物均为 PM_{10}。

新标准评价结果：采用 SO_2、NO_2、PM_{10}、$PM_{2.5}$、O_3 和 CO 6 项指标进行统计，合肥市优良天数所占比例为 47.1%，首要污染物主要为 $PM_{2.5}$，超标污染物为 $PM_{2.5}$ 和 PM_{10}。

2．合肥市空气污染主要原因分析

一是城市建设扬尘污染严重：合肥市环保局 2010 年扬尘污染调查显示，在建筑、生活、工业和机动车尾气等总悬浮颗粒物来源中，建筑扬尘日排放量约 245 t，污染贡献率达 84.3%。据统计，2011 年，合肥市在建工程有 7 500 个，建筑面积 8 000 多万 km^2，占全省总量的一半以上，这是合肥市空气质量差的主要原因之一。

二是机动车排气污染日益加剧：2011 年，合肥市机动车保有量达到 65 万辆，年增长率 24%，净增机动车 9 万多辆。随着机动车的增长，机动车排放的颗粒物已成为合肥市空

气污染的重要来源。

3. 合肥市空气污染防治建议

根据《安徽省环境保护厅关于贯彻实施〈环境空气质量标准〉(GB 3095—2012)的通知》的要求，合肥市应尽快制定环境空气质量改善途径和阶段性达标实施方案，并报省环保厅批准实施，确保按期实现空气质量改善目标。

十、湖北省站顺利完成全省大部地区环境空气异常事件应急监测工作

2012 年 6 月 11 日，湖北省大部地区相继出现空气质量异常，全省自西北向东南沿汉江流域空气质量急剧恶化，可吸入颗粒物（PM_{10}）小时均值在短时间发生突升；从上午 9 时左右，武汉、孝感、仙桃、潜江、鄂州、咸宁、黄冈、黄石等地逐渐出现严重灰霾天气，局部地区能见度不足 500 m，给人民群众生产生活造成极大影响。

事件发生后，按照湖北省环保厅的部署，我站迅速启动应急监测预案，立即组织专家技术人员开展环境空气应急监测和研究工作。通过实时调度全省各地空气自动监测站的监测数据，研判此次空气质量异常事件发生时间、影响范围；结合环保部卫星遥感监测图片、武汉市大气复合污染监测实验室监测结果及气象部门发布的气象资料，分析此次空气质量异常的成因，并预测其发展趋势；同时，我站及时向社会发布环境空气质量应急监测初报，为社会公众了解事件真相提供了第一手依据。

专家技术人员全天候密切监视全省环境空气质量监测数据变化情况，以小时为单位实时向社会公众发布应急监测报告，并与武汉、宜昌、荆州、孝感、鄂州、咸宁、黄石、黄冈等各市环境监测部门形成联动监测机制，按照环境监测“上下一盘棋”的要求，及时准确掌握各地空气质量变化动向，发布预警预报监测信息。截至 6 月 15 日上午 8 时，我站已发布《湖北省应急监测报告：鄂大部地区环境空气异常报告》33 期，各市站也向本地社会公众发布应急监测快报、简报近百期；同时，我站以及武汉、鄂州、咸宁、黄石等站相继召开多次新闻发布会，在电视、电台、报纸、网络上及时公布监测数据，公开环境空气质量实时监测数据，科学解释灰霾天气造成的原因，提出公众应对环境空气质量恶化的防护措施，充分满足社会公众的环境知情权，有效平复了社会因空气质量异常而引发的恐慌情绪，杜绝了社会谣言的传播，确保了社会稳定，同时为环境管理和决策提供了科学依据。

根据专家分析，造成湖北省大部地区空气异常事件发生的主要原因有以下几个方面：一是随着全国大范围的夏粮丰收，周边省份大量农田存在秸秆燃烧现象，使得大气中污染物浓度短时间内急剧增加；二是根据湖北省环境空气实时监测数据，部分站点的可吸入颗

粒物浓度出现突变，并在时空分布上呈明显变化规律；三是多个气象条件同时出现，促成了本次空气异常事件的发生，并在武汉表现得最为突出和明显。

针对此次空气质量异常事件，我站组织有关专家技术人员进行了认真总结，认为存在以下问题：一是缺少有效的突发环境应急事件处置的研判能力。缺乏有力的模型支持，无法及时、快速、准确分析突发环境应急事件的发生原因、影响范围、变化趋势；二是缺少完备的全省空气质量实时监测预警能力。省空气质量自动监测系统尚未完全覆盖；部分已建的空气自动监测点位因运行经费、人员、设备等问题不能确保监测仪器的长期有效运行，不能实时提供监测数据；已建的空气自动监测站点除武汉市城区的国控点外，其他点位目前仅只能监测二氧化硫、二氧化氮和可吸入颗粒物（PM_{10}）等三项指标，无法监测 $PM_{2.5}$、CO、臭氧等新三项污染指标；三是缺少及时准确的全省环境空气质量发布平台；四是缺少必要的环境应急监测能力。

通过此次环境空气质量异常事件，我站专家技术人员总结出以下几点启示：一是启动多学科、多方位、多手段的联合研判机制；二是加强监测数据的公开发布；三是建立完备的应急预警预报系统。

目前，全省各市环境空气质量已逐步趋于稳定。我站环境监测专业技术人员仍坚守岗位，实时监控环境空气质量的动态变化，继续及时向社会发布环境空气监测报告。

后 记

《环境监测业务信息写作技法与实例》立足于二十余年环境监测站系统业务信息工作实践，经过系统总结与归纳，提炼出环境监测业务信息类别特点和写作技法，并引用了大量的信息实例，形成兼具理论意义与参考价值的业务信息工具书。本书从酝酿到成稿前后经历了一年多的时间，结合首届环境监测业务信息优秀作品评选活动进行多次讨论与修改，力求满足各级环境监测站在编写报送业务信息中的学习及借鉴需求，促进监测站信息工作整体水平的提高。

本书由傅德黔、陈传忠主编。书稿各章编写分工为：第一章：赵岑、王秀琴；第二章：朱志胜、秦发庭；第三章：温香彩、张杰、于莉、文小明；第四章：陈传忠、王经顺、沈颖青、张然、张倩玲；第五章：郝广民、谢剑锋、鲁宁；第六章：高锋亮、李兵兵、朱余；第七章：刘丽、易庆安。最后由陈传忠和赵岑统稿、修稿并审定了全部书稿。

本书在撰写过程中，受到各级领导的关怀和指导，得到湖南省环境监测中心站、安徽省环境监测中心站、河北省环境监测中心站、江苏省环境监测中心、河南省环境监测中心、重庆市环境监测中心的大力支持，书中引用的信息范例来自全国各级监测站上报总站及发布在互联网上的业务信息，受条件所限，未逐条标明作者，在此一并表示感谢。

编写组

2013 年 11 月

参考文献

[1] 邓延陆. 环境保护行政公文应用写作[M]. 北京：中国环境出版社，2006.

[2] 张浩. 新编通讯员写稿入门速成[M]. 北京：中国纺织出版社，2012.

[3] 管伟平. 办公室实务丛书[M]. 北京：中国纺织出版社，2011.

[4] 马伟胜，陈友章. 政务信息稿写作实务[M]. 南宁：广西民族出版社，2011.

[5] 王梦奎. 怎样写文章[M]. 北京：中国发展出版社，2009.

[6] 李津. 办公室标准文书写作 10 001 例[M]. 海口：海南出版社，2006.

[7] 孙乃沅. 干部写作知识[M]. 北京：中共中央党校出版社，1993.

[8] 安忻. 政务信息加工的原理与方法[M]. 北京：中国人民大学出版社，2008.

[9] 颜海. 政务信息管理[M]. 武汉：武汉大学出版社，2009.

[10] 胡卫卫. 论新闻采访中的语言顺应现象[J]. 新闻知识，2011（7）.

[11] 陈玉闻. 论公文写作主体的素质培养[J]. 职业圈，2007（19）.

[12] 陈其海. 文化大发展背景下谈记者职业素质的提升[J]. 科技传播，2013（2）.

[13] 朱有芹. 注重文化底蕴提升作文品位[J]. 综合天地，2013（1）.

[14] 蒋新红. 文化底蕴的类型及其写作运作[J].文史博览（理论），2010（2）.

[15] 汪莉. 观察与观察能力的培养[J].写作杂谈.

[16] 覃可霖. 试论写作思维与写作技巧的关系[J]. 广西师范学院学报：哲学社会科学版，2008（10）.

[17] 左刚. 论写作中观察与体验能力的培养[J]. 作家杂志，2010（1）.

[18] 杨景生. 写作观察教学设计与实践[J]. 写作教学.

[19] 世纪行. 2008（2）（3）（4）（6）.

[20] 中华人民共和国政府信息公开条例. 中华人民共和国国务院令第 492 号.